每个父母都是贝壳，

每个孩子都是沙粒。

孩子心甘情愿地选择了我们，

我们用心血磨砺，用真爱包容，

天长日久，小小的沙粒随岁月流转，

会成为闪闪的珍珠。

30+心理学方法
100+真实案例

帮你化解亲子矛盾

解决育儿烦恼

懂ta 才能管好ta

郑润芝 著

Growing up
Together

和孩子一起
成长丛书

做懂孩子
会管理的
父母

人民卫生出版社
PEOPLE'S MEDICAL PUBLISHING HOUSE
·北京·

图书在版编目（CIP）数据

做懂孩子、会管理的父母 / 郑润芝著. -- 北京：人民卫生出版社，2022. 1

（和孩子一起成长丛书）

ISBN 978-7-117-32653-7

Ⅰ.①做⋯　Ⅱ.①郑⋯　Ⅲ.①家庭教育 – 通俗读物　Ⅳ.①G78-49

中国版本图书馆 CIP 数据核字（2021）第 272215 号

| 人卫智网 | www.ipmph.com | 医学教育、学术、考试、健康，购书智慧智能综合服务平台 |
| 人卫官网 | www.pmph.com | 人卫官方资讯发布平台 |

和孩子一起成长丛书

做懂孩子、会管理的父母

He Haizi Yiqi Chengzhang Congshu

Zuo Dong Haizi, Hui Guanli de Fumu

著　　者：郑润芝

出版发行：人民卫生出版社（中继线 010-59780011）

地　　址：北京市朝阳区潘家园南里 19 号

邮　　编：100021

E - mail：pmph @ pmph.com

购书热线：010-59787592　010-59787584　010-65264830

印　　刷：北京顶佳世纪印刷有限公司

经　　销：新华书店

开　　本：889×1194　1/32　　**印张**：7

字　　数：146 千字

版　　次：2022 年 1 月第 1 版

印　　次：2022 年 3 月第 1 次印刷

标准书号：ISBN 978-7-117-32653-7

定　　价：59.00 元

打击盗版举报电话：**010-59787491**　E-mail：**WQ @ pmph.com**

质量问题联系电话：**010-59787234**　E-mail：**zhiliang @ pmph.com**

自序

孩子心甘情愿选择了你，
你是否依然是他的天使妈妈 / 爸爸

　　我十分确信，我最爱我的孩子。当我问其他父母这个问题的时候，每次都得到了最肯定的回复，几乎每一位父母都很确信自己最爱的人就是自己的孩子。

　　对这份爱的确信，孩子年龄越小，父母越坚定。

　　你听出这句话的意味了吗？是的，随着孩子年龄的增长，我们对孩子的感情变得越来越复杂。我们逐渐地失去了对他的那份单纯的喜爱，越来越多的焦虑、越来越多的愤怒、越来越多的担忧充斥着我们养育孩子的过程。

　　对于我的孩子，我还能记得刚刚怀孕时，我是那么期盼他能快一点来到我的眼前。那个时候对他的爱，让我丝毫感受不到怀胎十月的辛苦。每天我都沉浸于和他在一起的幸福感觉里。

在他要出生的时候，我做了大量的功课，知道那个时候我的情绪对宝贝影响很大，所以即便生产再疼，我都努力鼓励自己接纳那份疼痛，喜悦地等待他的来临。

虽然最后在坚持了七个小时的腹痛之后，还是做了剖宫产手术，不过我依然想成为第一个见到他的人。我清晰地记得，当护士第一时间把他抱到我的眼前，对宝贝说："快，看看你坚强的妈妈！"说完就把他的小脸贴在我的脸上。那样奇妙的触感，是我这辈子都没有感受过的，我从来不知道这个世界上能有一个人的皮肤会如此滑嫩，只是轻轻地一次碰触，就暖到了心灵深处。

那时，我以为我可以为他做任何事，那一瞬间他超过了我自己整个的生命。那个时刻，也许是我一生中最具有爱的勇气的时候。一切都是因为他的到来。

可是在他成长的过程中，我却依然无可避免地从一个"天使妈妈"逐渐变成了一个情绪暴躁的妈妈。经常因为他的一些很小的习惯而大发雷霆,经常因为他无法做到我的要求而愤怒地吼叫。直至我开始下定决心改变自己,这一切才出现了转机。

这让我想到了一个小故事。

很久以前,有一个美丽的贝壳,她想养出一颗世上最美最大的珍珠。

所以她从蔚蓝的深海游到了海边,想从沙滩上选一粒沙子来放进贝壳里,可是她从日出问到了日落,没有一粒沙子愿意跟她走。此时,她真的好失望。

就在这时,一粒沙子终于答应了她。她好开心。

可是旁边的沙粒都开始嘲笑这粒小沙子,说它真傻,因为如果它住进了贝壳,从此就失去了自由自在的沙滩,会受束缚,真心不值得。

那粒小沙子最终还是决定无怨无悔地随着美丽的贝壳去

往大海深处。贝壳感动极了，便对小沙子说："我会给你我的所有，甚至是我的血肉和生命！"

斗转星移，花开花落。在一个清新的早晨，随着太阳的升起，美丽的贝壳和她最心爱的小沙子再次来到了大海边，此时小沙子早已不是当年的模样，岁月流逝，它在贝壳爱的滋养下，已经长成了一颗晶莹温润的无价之宝。

每个父母都是贝壳，每个孩子都是沙粒。孩子心甘情愿地选择了我们，我们用心血磨砺，用真爱包容，天长日久，小小的沙粒随岁月流转，会成为闪闪的珍珠。

这个过程虽然很艰难，甚至有时候是痛苦的。但拥有这颗小沙粒、并且怀着有一天他能如同珍珠一样闪光的期望，贝壳会一直感到爱的温暖。

当我们带着这样的心情伴随孩子成长，让自己也不断成长，我们就是孩子最值得感恩的"天使父母"。

目 录

第一部分
管教孩子之前，你需要了解

在你教育孩子的过程中，是否经常使用奖励或者惩罚的管教方式？如果是这样，你也许对"管教"的定义有所误解。管教的真正含义是：管理孩子的行为，教授孩子技能，让孩子越来越具备自律和自我管理、自我解决问题的能力。

第二部分

分清界限，该出手时就出手，该停手时就停手

世界上只有三件事：自己的事、别人的事、老天的事。我们想要让孩子变得更自立、更自律，首先需要分清这三件事，才能做到不轻易越界，孩子才会拥有良好的成长空间。要记得：孩子也是别人！

第三部分

认清孩子的负面行为：孩子到底欠缺何种能力

孩子的负面行为可能说明孩子欠缺某种能力。而大部分的父母因为看不清孩子出现问题的核心又着急想纠正孩子，因此变得烦躁、愤怒。当我们耐下心来学习，对孩子能始终带着好奇心、探究心，才有机会发现孩子到底欠缺什么。只有这样才会让我们的付出和努力不会白费。本章我们详细剖析了很多案例，帮助家长看清纠正孩子负面行为的关键所在是什么。

第四部分

"内疚之心"是管教之路的
"拦路虎"

很多家长在管教孩子的时候，容易产生内疚之心。当孩子要求得不到满足时，当孩子受到挫折时，当孩子不想遵守约定或者规则时，当孩子情绪波动时……家长的心就开始内疚。而内疚是你放弃原则，或者盲目满足孩子的开始。

第五部分

管教孩子的 N 个有效方法 109

了解了自己，了解了孩子，分清了界限，在这个章节我们一起来实践 N 个管教孩子的有效方式。之所以是 N 个，是因为当我们掌握了教育的原则和大方向，都能在问题发生的当下，运用做父母的智慧，找到最适合自己孩子的管教方式。

第六部分

你的目光看向哪里,孩子就向哪里成长

焦虑还是平和,从来都是当下你自己的选择而已。我们的每一次选择,影响和构成了我们和孩子的人生。

第一部分
管教孩子之前，你需要了解

在你教育孩子的过程中，是否经常使用奖励或者惩罚的管教方式？如果是这样，你也许对"管教"的定义有所误解。管教的真正含义是：**管理孩子的行为，教授孩子技能**。让孩子越来越具备自律和自我管理、自我解决问题的能力。

1

父母管教能力测试

以下测试,可以检测出你管教孩子的能力如何。请你找出纸笔,记录最符合你和孩子的选项,然后对照后面的答案。

1. 每天至少有半小时时间,你和孩子是在有说有笑、非常快乐的状态当中度过的,是吗?

    A. 没有,每天太忙,根本没时间和孩子有说有笑地相处

    B. 做不到每天,每周能有两三次

    C. 是的,完全符合

2. 你对孩子发脾气、着急上火的频率如何?

    A. 每天都在着急上火中度过

    B. 一周有两三天着急上火、发脾气

    C. 基本上很少对孩子发脾气

3. 教育孩子中,你经常使用的方式是怎样的?

    A. 批评、打骂、提醒、催促

B. 讲道理、冷处理

C. 很少批评,孩子做错事,我会仔细查找原因,耐心帮孩子调整

4. 孩子犯错了,你批评他,会同时提起他以前的过错吗?

A. 会,几乎每次都忍不住提之前他犯过的错

B. 会,但仅是偶尔提起

C. 不会,这次犯错就是这次,不会波及以后或者以前

5. 你给孩子讲道理时,是孩子和你一起在探讨问题吗?

A. 不是,基本上是我一个人在说

B. 不是,孩子总是顶嘴,或者给自己找理由找借口

C. 是,我和孩子会心平气和地说出自己的想法,再一起探讨

6. 你经常给孩子树立各种规定吗?

A. 是,孩子不自觉,什么都需要我给他规定

B. 是,不过我也会听孩子的意见

C. 不是,大部分情况我会引导孩子自己管理自己

7. 你打孩子吗(推、搡、掐、拧……都算)?

A. 打,孩子太皮,不打管不住,所以几乎天天打

B. 打,不过次数不多

C. 不打,我大部分情况很尊重孩子

8. 你认为你管理和教育孩子的能力如何?

A. 不行,孩子经常不听话,不服管教

B. 不行,不过孩子还算听话

C. 还不错,大部分情况下能轻松愉悦地管教孩子

9. 孩子有没有每天必须要承担的一些家务活?

A. 没有,孩子很懒,我使唤不动,基本上不做家务

B. 没有,孩子只会在周末偶尔干一下

C. 有,孩子很清楚自己每天必须要承担的是什么

10. 孩子有自己相对独立的一个空间吗(一个房间或一个角落、一张桌子都算)?

A. 没有独立的空间,即便他在他自己的房间,也需要我每时每刻盯他

B. 有少量的独立空间,不过大部分时候需要我盯他

C. 孩子有独立空间,孩子能在自己的空间里管理好自己

以上题目,A 计 0 分,B 计 1 分,C 计 2 分。算算自己得了多少分。

0~5 分: 说明你非常欠缺管教孩子的方法,并且非常欠缺耐心,因此你越想管好孩子,就越容易生气和焦虑。孩子在你的管教下,反而毛病越来越多,做事越来越不自觉,你也越来越累。你经常对孩子发脾气,但每次发脾气起到的效果却越来越弱,这让你很无奈,但却不知道怎么改变现状。如果想要改善孩子的问题,你需要立刻调整管教孩子的方式和方法。

6~10 分: 说明你管教孩子的方法是不足的。不过,因为你很爱孩子,所以你尽可能地耐心对待孩子。你和孩子的关系不错,因此孩子也很想配合你的要求,不过孩子的自觉程度有限,独立性也一般,绝大多数情况下,孩子依然需要你的监督才行。

11~20 分：你拥有较高的管教孩子的能力，孩子在你的管理和教育之下，自律性、独立性、自信心等各方面能力都在稳步提高。遇到这样的父母是孩子的幸运。

2

管教方式不同，孩子行为不同

管教是什么

　　很多家长在教育孩子的过程中，误以为管教就是批评、打骂，甚至是惩罚。其实这是对"管教"的误解。管教的真正含义是：**管理孩子的行为，教授孩子技能**。当孩子掌握的人生技能越来越多，他们才有可能越来越具备自律和自我管理、自我解决问题的能力。

　　为了达成这个目标，我们一起来思考一个问题：你认为孩子怎样的行为表现，对他的成长最有益？也是你最想看到的？

　　一种情况是：孩子自信、懂礼貌、爱学习、会自我管理、做事情效率高、会交朋友、会沟通、会管理自己的情绪、诚实、有勇气、解决问题的能力强……我们把以上这些称为"孩子的优秀行为"。

另一种情况是：孩子固执、情绪化、自卑、没礼貌、厌学、不会管理自己、做事磨蹭、不会交朋友、不会与人沟通、撒谎、胆小、不会解决问题……我们把这些称为"孩子的糟糕行为"。

你喜欢哪种行为呢？是优秀还是糟糕？

你肯定会说：明知故问，当然是第一种！我辛辛苦苦教育他，就是为了让他拥有这些品质。

那我们就来看看，现实中的情况到底如何？我们到底让孩子去向了"优秀"还是"糟糕"？

生活实例：孩子在吃饭，吃到最后一口，实在吃不下了，孩子的妈妈看到这种情况，问他："为什么你就剩这一口饭？一口饭能把你撑到哪里去？你吃也要吃，不吃也得吃！否则你就别想下饭桌！"结果孩子和妈妈就因为一口饭在饭桌上开始较劲和斗争。

考考你：在这种情况下，孩子的优秀行为会增加还是糟糕行为会增加？

答案是：糟糕行为会增加。因为孩子从妈妈这里学会了"谁更固执，谁就更有主动权"。

生活实例：孩子因为一件小事生气发脾气了，爸爸想："你这个小孩还厉害得不行了，你不看看你爸是谁，你能厉害得过我？"于是，爸爸吼的声音比孩子还大。

考考你: 在这种情况下,孩子的优秀行为会增加还是糟糕行为会增加?

答案是: 糟糕行为会增加。因为孩子从爸爸这里学会了"谁的脾气更大,谁就更有主动权"。

当我们唠叨抱怨孩子,孩子就学会了情绪化;当我们威胁孩子,孩子就学会了撒谎;当我们给孩子做"人肉闹钟",孩子就学会了依赖家长来管理时间……你会发现尽管每天辛辛苦苦管孩子,但使用方法不得当时,我们就一把一把地把孩子推向了糟糕的一面。

因此,在管教孩子之前,首先要记住一句话:**我正在做示范!**

在管理孩子的过程中,孩子也正在持续向我们学习。包括解决问题的方式,处理情绪的方式以及看待问题的角度,这一切才是真正影响他一生的因素。

当一位妈妈拍打着孩子的后背生气地说:"给你说了多少遍了,好好刷牙,好好刷牙,你就是不听,你怎么回事?"虽然这位妈妈对孩子的要求是正向的,但是,孩子却从妈妈的态度中学会了"不开心时就应该这样对待别人,可以这样表达,可以这样处理问题",这才是孩子最大的"获得"。而这些"获得"对孩子来说,有着长远的负面影响,最后家长也会越来越辛苦。

所以要明白:**我们无法随心所欲地行事,尤其在孩子面**

前，因为随意的行为会产生不好的后果。

我们面对外人谨言慎行，因为你知道会有不良后果，但是我们面对孩子却常常很随意。最需要谨言慎行的，恰恰就是面对孩子的时候。我们是孩子人生的导师，是他人生的引路人。当父母随意引领，乱走一气，最后会把孩子带到哪里去呢？

案例 | 不要让"破窗效应"影响孩子的人生

很多家长对孩子掏心掏肺，为了孩子的各种琐事磨破嘴皮，可是最后孩子的行为却一塌糊涂！这到底是为什么？

给你讲一个心理学实验，你就明白了。

1969 年，美国心理学家、斯坦福大学教授菲利普·津巴多进行了一项实验，他找来了两辆一模一样的汽车，一辆停在一个条件很好的小区里，一辆停在一个条件特别差、不太安全的小区里。然后他把放在治安糟糕的小区里的车牌摘掉，还把这辆车的顶棚打开。不出所料，没几个小时，那辆车就不见了，而那个治安较好的小区里的车还在。

你可能会想，产生这个结果这是因为两个小区治安不同。

但是下一步实验是，津巴多用锤子在那辆还在的车窗上砸了一个大洞。没想到几个小时之后，这辆车也被偷了。

这就是心理学的"破窗效应"理论。就是说：如果有一样东西遭到了破坏，而这个破坏没有得到修复，那么其他人会不由自三地受到前面那些破坏行为的纵容和示范，去模仿这些破坏行为。

所以，第一扇破窗，就是一件事情恶化的起点。

举一个例子，你去两个朋友家做客，一个朋友家窗明几净,你进门后会怎么做？一个朋友家乱七八糟,你进门后又会怎么做？相信我们在进入第一个家庭时,肯定会想到换鞋再进去。而进入第二个家庭时,也许我们就会随意很多,对吗？

这"第一扇打破的窗户",在暗示周围的人:**窗是可以被打破的,而且没什么错,也没有后果。**

很多的父母,也是这样不小心打破了孩子人生中的第一扇窗,给周围的人暗示和示范:**你的孩子是可以伤害的,是可以不尊重的。**

我们看看这两个家庭家长的做法。

第一个家庭:孩子在成长的过程里和其他孩子一样,有很多事做得不太好。在孩子小时候,家长怎么看都觉得自己的宝贝好可爱,从来不忍心打骂孩子。但是等孩子三四岁以后,渐渐的,父母开始感觉这孩子身上的毛病太多,所以他们忍不住有了第一次的动手和第一次的打骂。

从那时候起,家长总是忍不住相互抱怨孩子的毛病,这份抱怨伴随孩子的成长越来越多! 面对家里人,面对外人,面对同事朋友,面对孩子的老师,家长不由自主地把孩子的毛病挂在嘴边。比如,家长会结束,面对孩子的老师,妈妈就会说:"这小孩调皮得很,老师你放心管,放心打,我们没意见。"再比如,家庭聚会中面对自己的亲朋好友,爸爸会说:"这孩子烦人得很,你别理他。"

父母的抱怨声,打破了自己孩子的第一扇窗。结果,孩子从幼儿园到小学,经常受到老师的批评甚至冷落。周围的人都认为:"他爸妈都说这小孩毛病多,烦得很,根本不能给他好脸!"我们要知道,周围的人,包括孩子的老师都和我们一样,只不过是个普通人。他们可能没有想要故意伤害谁,但是当他们受到了孩子家长的这个暗示之后,对待孩子就很容易随意,而没有任何内疚。而在周围人的指责和抱怨之下,孩子的行为也势必越来越糟糕,自信心越来越差,越来越不愿意努力了。

抱怨只会让问题扩大化。

你对周围的人抱怨孩子的问题,对孩子的成长有什么意义呢?答案是:没有任何意义!反而你的行为在打破孩子人生中的第一扇窗,让事情越来越糟。

第二个家庭:孩子照样问题一大堆。但是孩子的父母始终认为**"发现问题是改变的开始"**。所以,他们用心观察,孩子出现这些问题是欠缺什么能力?

比如,孩子爱哭闹,他们发现这是因为孩子的情绪管理能力不够造成的;孩子写作业磨蹭,他们发现这是因为孩子时间管理能力不够造成的;孩子乱花钱,他们发现这是因为孩子的理财能力不够造成的;孩子撒谎了,他们发现是因为孩子承担责任的能力不够造成的……

当孩子出现这些问题时,他们没有抱怨,而是开始用心为孩子提升这些欠缺的能力。结果孩子一天天成长,变得越来越好,每当孩子有一些进步,父母都会和周围的人分享孩子进步的喜悦。比如,他们会对老师说:孩子在写作业的时候,遇到困难了,但他一直坚持不懈地修改,最后终于把作业写好了。老师便理解了孩子的本子上为什么会有一个破洞，也越来越认可孩子的认真态度。

你发现了两对家长的区别在哪里了吗？

区别一：第一对父母面对孩子的行为问题，只会抱怨，只有情绪化。他们的抱怨扩大了孩子的问题范围，却没有用任何有帮助的方法给孩子来提升能力。

区别二：第二对父母，他们没有抱怨，通过寻找方法来帮助孩子提升能力，真正地帮孩子成长！并且，他们还帮助孩子树立了良好的形象，这样，周围的人都会感觉，**他们的孩子是值得好好对待的，是值得尊重的，是值得欣赏的。**

3

孩子需要哪些人生技能

有位家长这样说："很奇怪,我最爱的人是我儿子,爱人在我心里的分量都不能和儿子比! 但是,我不明白,为什么最容易让我生气发火的人也是儿子,最容易让我失去耐心的人也是他,这是为什么? 我甚至还经常对他说一些反感他、嫌弃他的话。控制不住火、动手打他的时候也很多。

看到他把玩具弄得满地都是,就忍不住会一顿吼;作业写得乱七八糟,我也会恨得直咬牙……我那么爱他,可是为什么总是这种状态对他? 想来想去,我觉得主要是因为这个孩子太不争气了,一直挑战我的底线,所以把我的耐心都消耗完了。"

另一位家长这样说:"孩子是我的命根子,我是真心想要把他从小好好抓、好好管,也很希望他能成才。但是说真的我每天下班实在太累了,根本没精力管他。只要他不能好好做自己的事,我就总是忍不住一边管他、一边训他,唠唠叨叨,我也知道说了没啥用,但是我要是不说出来,心里就憋得不行! 我就纳闷,为啥这个孩子总是没记性呢? 每件事都让我说一千遍,他不烦吗?"

我们有太多的理由为自己证明,证明我们是迫不得已才抱怨孩子,对他发脾气。可是我们要思考,孩子是否有能力为我们的抱怨买单? 我们的抱怨对孩子到底有多大帮助?

"我看你就是来报仇的,妈妈怎么生气你怎么来……"

"你到底是笨还是不是学习的料? 为啥每天写作业这么费劲儿,不气死爸妈你不甘心吗?"

"就这么一件小事,你整天让我说说说,你烦不烦啊?"

……

当我们这样抱怨孩子,不管有多爱他,其实都在阻碍孩子的人生发展。因为孩子除了感受到我们对他的不满意之外,并没有得到什么实质的帮助。

如果我们不但在家里抱怨,还在亲朋好友面前或在其他场合中抱怨孩子,看似是在为孩子操心,实际仅仅说明我们管不住自己的嘴巴而已,殊不知孩子却在我们的"随口一说"中变成了那个不值得尊重的人!

不断抱怨和指责,或者不断提醒和唠叨,就叫"打压式教育"。

"打压式教育"到底有什么后果? 在孩子幼儿时期,他年龄虽小，但已通人情冷暖，在他幼小的心灵中是有能力分辨到底什么是"好言好语"，什么是"粗暴对待"。

如果我们长久使用"打压式"的管教方式，不但会让孩子受伤，还会让糟糕的情况发生"裂变"。

越抱怨问题越多，问题越多抱怨更多，恶性循环。

前文说到的"破窗效应"，其中提到，如果有一样东西遭到了破坏，而这个破坏没有得到修复，那么其他人会不由自主地受到前面那些破坏行为的纵容和示范，去模仿这些破坏行为！

由这个故事反观到孩子的管教中，也是同样的道理：如果父母一天到晚因为爱孩子，总把孩子挂在口边。但是说的却都是一些负面言语，这就正在给孩子制造负面言论，然后引发孩子更多的负面行为。

举个例子，有一位妈妈总是嫌孩子生活习惯不好，并且经常对其他人说孩子的这个毛病，周围的人碰到这个孩子，脑海里第一个闪出的念头很可能就是"乱"字。人们就会不由自主地嫌弃这个孩子。

而这样的抱怨真的对孩子有帮助吗？能帮他改善问题吗？答案是不能！

当我们抱怨孩子的时候，我们是自私的！我们正在让孩子为我们的情绪化和无能买单！

我们用抱怨让自己看起来很"负责"，其实抱怨才是真正的推卸责任!

孩子所有的负面行为都说明孩子欠缺某些人生技能。家长真正愿意帮孩子,就会想办法让自己静下心来,寻找适合孩子的训练方法,耐心地一次次陪孩子练习,改善问题。

我们现在静下心来思考一下,孩子在人生中一定要拥有的技能有哪些? 请你把它们写下来:

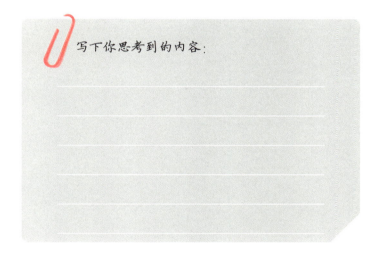

写下你思考到的内容:

孩子在未来的人生中需要很多人生技能,这些人生技能犹如十八般武艺,孩子拥有得越多,越对自己的人生有把握。而童年,是孩子从家庭中获得这些人生技能的最重要时机。

有的孩子很幸运,在成长的过程中,父母教给他很多人生技能。这些技能有哪些呢?

这些能力是:与人沟通的能力,管理情绪的能力,解决问题的能力,判断思考的能力,付出爱的能力,接收爱的能力,学习的能力,管理时间的能力,人际交往的能力,管理金钱的能力,自理的能力,享受生活的能力,理解他人的能力,管理欲望的能力,独处的能力,观察的能力,忍耐的能力,激励自己的能力……

很多技能是在父母的潜移默化中孩子学会的,还有一些是需要刻意培养才能让孩子获得的。

案例 | **果果的问题出在哪里**

　　果果是个七岁的小男孩，老师经常说他在班级里不能和同学友好相处。每当课间休息的时候，果果总是在不断地招惹同学，不是揪这个同学的头发，就是故意跑过去撞那个人。所以同学们都很烦他，不喜欢和他玩。老师多次批评，甚至向家长反映问题，家长也经常和孩子讲道理，可是孩子依然是老样子。

请你分析一下

　　从果果的负面行为中，能看出他欠缺什么人生技能？

　　果果的问题，家长和老师为什么批评和讲道理不管用？

　　有效帮助果果改变现状的做法是什么？

　　通过分析我们可以发现，果果真正欠缺的是两个能力：一个是人际交往的能力，一个是表达自己的能力。可以看出来果果很想和同学玩，但是他却不知该如何融入其中，所以他就采取了不断招惹别人的做法，来引起大家的注意，最后变成了恶性循环。

　　如果我们想帮孩子改变，可以采取下面的方法。

　　第一步，耐心地教孩子一些与人互动的方法。比如：如何和人打招呼？如何邀请对方加入自己的游戏？如何表达自己想要一起玩的想法？如何建立合作……

我们可以教孩子说这些。

我可以和你一起玩吗？

你的足球滚远了，我帮你去捡。

我有一个新玩法，我们试一下吧，肯定特好玩儿。

……

第二步，需要给孩子一些练习的机会。对于七岁的果果来说，和他玩过家家这类角色扮演的游戏最适合。让孩子在虚拟的情景下多练习这些技能。要记得，练习的过程中开心、愉快、有趣，才是重点！

第三步，需要鼓励孩子在实际场景中使用新技能，然后帮助他发现新技能给自己带来的变化。比如：同学乐意和自己玩了，或者是自己更容易交到新朋友了等。

孩子所拥有的能力，都不是与生俱来的，只有父母耐心教导，孩子才有可能获得。

第二部分
分清界限，该出手时就出手，该停手时就停手

世界上只有三件事：自己的事、别人的事、老天的事。我们想要让孩子变得更自立、更自律，首先需要分清这三件事，才能做到不轻易越界，孩子才会拥有良好的成长空间。要记得：孩子也是别人！

4

真相：越听话的孩子，长大后越"辛苦"

"我求求你们这些专家，放过我们这些家长吧！你们一会儿说'孩子要管'，一会儿又说'孩子不能管'，一会儿说'要尊重孩子的想法'，一会儿又说'要让孩子守规矩'，我们到底该怎么办？"

如果你也有这样的困惑，现在就让我们一起来捋一捋，看看到底孩子的哪些事是需要我们管的？哪些事是不需要我们管的？哪些事我们更需要尊重孩子的想法？哪些事我们更需要讲原则？

首先可以明确的是，几乎每位家长都希望孩子能听话，你是不是也有同样的想法？我们为什么希望孩子听话？很简单，因为听话的孩子很好管理，这是我们需要放弃的一种想法，原因是什么？

请你静下心来做一个选择题：如果在有孩子之前，上天给我们一个选择的机会，一共两个选项：一个选项是"你可以拥有一个听话的孩子"，一个选项是"你可以拥有一个有想法的孩子"。

你会怎么选？先不要着急做选择，我们看看选择的意味着什么。

如果你选择了第一个选项，拥有了一个听话的孩子，那么这个孩子以后不但听你的话，也会很听别人的话，总是跟在别人后面，随大流。这样你感觉如何呢？

如果你选择了第二个选项，你拥有一个有想法的孩子，那么这个孩子在别人的面前有想法、有主见，能够在人群中确立自己的位置，与此同时，他也会在你面前坚持己见，所以他就经常不听话，和你争辩。这种情况你又有什么感觉？

好，现在能确定你的选择了吗？是不是仍然很纠结？

让我们重新认识"不听话"这件事，这是管理好孩子的关键。看起来这个问题似乎很矛盾：有想法就会不听话，听话就会变得没想法。

难道这中间就没有平衡点吗？答案是：有！

难道孩子就不能既听话又有想法吗？答案是：能！

现在，我们先来看清楚什么叫"不听话"。所谓"不听话"就是孩子想要按照自己的想法做事。"不听话"有没有好处？有。"不听话"是孩子长大成人必要的心理需求。

"不听话"存在的意义是什么呢？我举一个例子，你就会有所发现。

有一个孩子，刚刚初中一年级，但是他已经是一个吸了一年香烟的"老烟民"了。当他在厕所里抽烟被老师抓住的时候，老师非常震惊，这个孩子那么听话，怎么可能犯这样的错？

结果那个孩子说，他也知道抽烟不对，但是他的好朋友每次都要让他抽一根，他就不得不妥协于他的好朋友了。孩子很清楚这个行为是非常错误的，但是他们不知道该如何坚持自己的想法，因此被自己的朋友控制，妥协于自己的朋友，也就是所谓的"听话"。

他们为什么这么"听话"呢？因为他们都怕失去在人群中的位置或者失去朋友关系，所以最终做出了伤害自己的行为。

"不听话"这一项本能的最大作用就是能确立自己的安全范围，不轻易被他人所控制，获得自我掌控感。

我们都希望孩子能够自律。**自我掌控感就是自律的开始。**

被他人过度控制和支配，对孩子不利。每个人都拥有独立性，甚至在家庭中，也可以相对独立。如果我们把孩子训练成了一个听话的、任人摆布的人，是一件非常可怕的事！

孩子过分听话，不但不可能变得自律，他的人生路也会越走越艰难！ 在孩子的童年经历中，如果我们过于强迫孩子听话，就等于压抑孩子的本能，不让他长大。

大量的心理研究显示，所有的心理疾病患者，童年几乎都有两类经历中的至少一种：**一类是被过度控制，一类就是被过度忽略。**

所谓的过度控制，就是大人过分要求孩子要听话。看到这里，有的家长可能会说："让孩子不受大人控制，整天都任凭他不听话，让他无法无天就对了吗？"实际上并非如此。

我们还要分清楚一件事：**有想法和任性是两回事。**

有一个孩子，他就把这两件事混为一谈了，他以为做一个有想法的人，就是任性地活着。所以他以顶撞大人为荣，以和老师抗衡为荣。在家里、在学校里，都像个刺猬一样，格格不入。其实他没有搞清楚，有想法和任性完全是两回事。

"有想法"是自己有能力面对各种问题，提出自己的见解和解决方法；而"任性"是没有规矩的表现。

比如有一个司机，他想开一辆什么颜色的车，他想怎样装饰自己的车，如果车坏了他是找朋友来帮忙修还是自己修；这些他都可以有自己的想法。但是他可以任性地不遵守交通规则吗？不可以！他可以任性地横冲直撞乱开车吗？不可以！可见，想法是可以有，任性却是不行的。

现在回到前面的那个问题：怎样让孩子成为一个既听话又有想法的人？我们要抓住的平衡点就是**让孩子做一个有规矩、思想自由的人。**

对孩子自己的某些事情，我们要允许他和你的想法不一样，允许孩子犯错。同时我们要帮孩子建立规则意识，让孩子成为一个尊重规则的人。这样孩子不需要被大人强制，也不会任性而为。

看看下面的例子。

家庭中有一个规则是每周六家庭成员一起大扫除，孩子也要整理自己的房间。有规矩的孩子就是按照家庭规则，在大扫除的时间和大家一起做家务，他需要尊重家庭的这项规则。同时父母也允许孩子思想自由。当孩子想拿拖把扫地时，妈妈不会强硬地规定孩子只能用笤帚扫地，而是允许孩子试一试用拖把扫地的效果。孩子尝试之后，发现地面一旦湿了，反而不容易清扫，下次就有了经验。如果孩子发现自己完全可以连拖带扫一次把地面弄干净，父母也不要强制让孩子按照大人的习惯来做事。

在这样的教育中，孩子有机会成为一个有规则意识，并且思想自由的人。他的父母让他学会了尊重家庭的规则，他是听话的、好管理的。同时在做事的过程中父母让他有机会自己做决定，孩子的想法也受到了尊重。

当孩子规则意识强，该刷牙时刷牙，该洗脸时洗脸，该学习时学习，该收拾房间时就收拾房间，在什么环境就遵守什么环境的规矩，家长和孩子都能轻松起来。

当孩子有想法，遇到事情自己能提出更多的想法去解决问题，也不会轻易被其他人牵着鼻子走时，孩子才会越来越成熟，大人才会更加放心。这样我们就在思想的自由和规则之间找到了最好的平衡。

5

分清三件事，你和孩子都会轻松起来

一位家长说："我家娃儿不听话，你说进门要换鞋，他不；你说写完作业再玩儿，他不；你说吃饭的时候不要那么多废话，他不；你说少看点儿电视，他不；你说垃圾不要乱丢，他不。怎么就那么烦呢！就不能听话吗？"

也许这是很多父母的烦恼。如果一个孩子经常执拗地对抗父母，很有可能是我们管得太多了，换句话说就是：在孩子的眼里，我们就是那个固执的、不断侵犯他的"领地"的"入侵者"。

在管理孩子的过程里，我们需要看清楚。

哪些事情，我们需要坚持到底？

哪些事情，我们需要进行干预？

哪些事情我们要不侵犯孩子的领地,尊重他的想法?

哪些事情我们根本不需要抗衡,根本没必要发生矛盾?

当我们分清了这些事,家长和孩子都会变得轻松起来。

这个世界上的事看起来非常多、非常琐碎,细想就只有三类事:**一类是"我的事",一类是"别人的事",一类是"老天的事(不可控的事)"**。

几乎所有的烦恼都来自我们把自己的事给忘了,或者我们自己的事想依赖别人,或者我们在插手别人的事,或者我们在担心老天的事。这样我们就在生活中给自己制造了很多的矛盾,孩子的成长也会受到阻碍。

归根究底,孩子其实也是别人。

如果我们在生活中更有独立性,更有自律性,就需要抓住三个要点。

第一,自己的事用心尽心,该承担就心甘情愿地承担,该努力就尽己所能。

第二,别人的事理解支持,该少管就少管。

第三,老天的事(不可抗力)接纳臣服。老天下雨,该打伞就打伞,该怎样配合就怎样配合,顺应规律,全然接纳。

说起来很简单,而一旦面对孩子,我们就很可能把这三件事完全分不清了。

为什么父母面对孩子老是拎不清,分不清界限?

从心理学角度上看，面对孩子的事父母很容易把它当成自己的事。这是心理边界不清晰所导致的。例如，孩子的学习，是谁的事？问一百个家长，几乎一百个都会回答，是孩子的事。可是回到生活中，是不是也如此呢？完全相反，我们往往比孩子还着急，比孩子还焦虑。比孩子还着急的心情，好像就在告诉孩子"你把我的事情弄砸了！"

到底这件事情是谁的？不用花心思回答，看看你和孩子的情绪就知道了。当我们对孩子的学习焦急的时候，这种急不但对孩子没有帮助，反而让孩子对自己的学习越来越不负责任，有的孩子甚至感觉自己就是为家长在学习，一旦有一些好表现，就应该从家长那里得到相应回报。

想让孩子对自己的事情担负起责任来，我们就需要理解一个心理学概念，叫心理边界。我们用鸡蛋来打比方更容易理解，两个鸡蛋放在一起时，鸡蛋壳就是两个鸡蛋之间的边界，如果把两只有壳的生鸡蛋放在一起，无论放在哪里，它们都是两个独立的鸡蛋；当我们把鸡蛋壳打破，这两个鸡蛋一靠近，就融在一起了，你再想分开，就没那么容易了。

在孩子没有出生前，妈妈和孩子是融合在一起的。孩子和我们最基本的界限就是他的皮肤。在孩子出生后，孩子和我们的边界依然非常模糊，因为他一切都是靠父母做主，吃喝拉撒睡都是靠父母来完成，所以在心理层面，孩子依然还是和父母融合在一起的。

等到孩子第一次对我们说"不"，一个伟大的时刻诞生了。

这标志着孩子心理和精神的层面开始和我们分离,这是他真正独立成人的第一步。能说"不",说明孩子已经意识到自己可以为自己做主,他已经拥有边界感,开始学着掌控自己的生命。

真正成功的养育,就是要让孩子成长为一个独立的鸡蛋,让孩子逐渐和我们分离开,让他拥有自己的鸡蛋壳。这才说明孩子长大了,身心都是健康的。

我们要成功地把孩子变成"别人",孩子就长大了。

否则孩子如果长大成人,他的心理还无法独立,他的人生就会非常的混乱!

现在,我们来测一测你的心理边界是否清晰?

下面哪些事会导致你情绪焦虑? 如果会让你焦虑,请打"√",如果不会,请打"×",并且在括弧里写上这件事是谁的事?

第1件事:自己的身高不够高 　　(　　　)(　　　)

第2件事:孩子(8岁)上学迟到了 　　(　　　)(　　　)

第3件事:上班路上堵车了 　　(　　　)(　　　)

第4件事:你婆婆现在特别心烦 　　(　　　)(　　　)

第5件事:孩子的红领巾丢了 　　(　　　)(　　　)

第6件事:孩子的字写得难看 　　(　　　)(　　　)

第 7 件事:孩子想穿绿裤子和红衣服　　(　　)(　　)

第 8 件事:孩子把颜料弄了一地　　　　(　　)(　　)

第 9 件事:孩子因为迟到被老师批评了　(　　)(　　)

第 10 件事:自己的心情不好　　　　　(　　)(　　)

　　当我们没有分清心理边界的时候,最重要的一个标志就是:我们的情绪紊乱了。在原本不该着急的时候着急,不该愤怒的时候愤怒。因此,反而推动事情向着糟糕的方向发展。当我们分清了这些行为的边界,生活中的很多矛盾就不见了。

　　答案详见下个章节。

6

实践练习：分清心理边界

面对孩子，哪些事我们该管？哪些事我们不该制造矛盾？现在我们一一分析上一节提到的十件事。

第 1 件事：自己的身高不够高，这是谁的事？

答案：这是"老天"的事。所谓"老天"的事就是不可抵抗的因素造成的。一个人的身高最主要由家族基因以及遗传因素决定，同时还受自己成长过程中的身体营养和运动情况等综合因素的影响。当一个人已经成年了，身高已经无法改变了，这是一种不可抗力事件。

老天的事是需要我们顺其自然地配合，安安心心接纳的。

如果我们不能很好地锻炼，也不给自己很好的营养，还特别讨厌自己的矮个子，那就是给自己的心里添堵。

第 2 件事：孩子（8 岁）上学迟到了，这是谁的事？

答案：孩子也是别人，所以是孩子的事。对待别人的事应该**理解和支持**。

这里需要特别提醒的是，你能理解对方到什么程度，能支持到什么程度，主要取决于你和对方的关系深浅以及你自己的决定。比如家人、朋友、同事，因为和你的关系深浅不同，所以你给到的理解和支持往往也是区别很大。

孩子是和你情感联结非常深的人，因此你给孩子的理解和支持一定和其他人非常不同。不过不管怎样，孩子依然还是别人，这一点我们一定要清晰，否则就会不由自主地不断越界，导致更多问题的产生。

所谓理解支持的意思是，我们可以理解孩子在早晨起床的时候因为瞌睡所以起床有点难受，也理解孩子的自律性还比较有限。当我们发自内心理解孩子时，就不会对孩子唠叨和烦躁。

同时我们还需要支持孩子来克服他自身的问题，支持的做法有很多：比如给孩子买一个闹钟，再比如想一些起床的游戏，再比如早晨给孩子提前十分钟放音乐等。哪怕通过学习找到方法来帮助他都可以，但是不管怎样，你都是帮助孩子学会自己起床，而不是让他每天依赖你的催促和发脾气起床。这才是理解和支持，只有这样，孩子才有可能越来越独立和自律。

第 3 件事：上班路上堵车了，这是谁的事？

答案：这是老天的事，我们不能左右，需要**坦然接纳**。

此时,我们就好好配合,在车里听一会儿音乐,让自己更安心一些。这就足够了。

第 4 件事:你婆婆现在特别心烦,这是谁的事?

答案:这是别人的事。对待别人的事需要的态度是**理解和支持**。

比如,你的婆婆总是会习惯性焦虑,一边做家务,一边烦躁地絮絮叨叨。这时候,如果因为她的烦躁,你立刻也开始烦躁了,或者和她的情绪开始起交互反应,你就把她的烦心事变成了你和她之间的一个矛盾。

面对别人的事,我们需要怎样做? 给予理解和支持。所以,最简单的做法就是,她想絮叨一会儿,我们理解她的心情,不干涉她的絮叨。如果你想给婆婆一些心理上的支持,就给她倒杯水,或者在她能接受的情况下,说几句暖心的话。如果担心自己的情绪能量不够,会受到婆婆情绪的波及,那就索性先保持安全距离,等她情绪好一些,根据情况再给她一些支持。

第 5 件事:孩子红领巾丢了,这是谁的事?

答案:孩子也是别人,所以是别人的事。我们态度和做法是**理解和支持**。

我们可以理解孩子丢了红领巾以后的心情,也能理解孩子没有红领巾去上学心里会很害怕或者尴尬。我们能够支持孩子的是启发孩子想办法来面对这个问题。我们不必给孩子重新买一条红领巾,经常用这样的行动来帮孩子善后,这不叫支持,而叫越界。

我们要舍得孩子受苦,鼓励他自己积极面对这个问题,当孩子想出解决办法,不管是找同学借,还是用卖废旧品的钱或者零花钱给自己重新买一条红领巾,总之,我们都需要从头到尾支持孩子自己来解决自己的问题。

第 6 件事:孩子字写得难看,这是谁的事?

答案:孩子也是别人,所以是别人的事。我们态度和做法是**理解和支持**。

我们能够理解孩子因为练习写字练得还不够,也能理解孩子也想急于写完作业的心情。有了这份理解,我们才能对孩子更加平和,才有机会给孩子一个真正有效的支持。我们可以寻找一些好方法,来耐心训练孩子。在孩子没有坚持性的时候,不指责不打压,而是能想办法给孩子鼓起内心的力量,在孩子害怕难题,发脾气的时候,我们能教孩子如何安抚自己的情绪。

第 7 件事:孩子想穿绿裤子和红衣服,这是谁的事?

答案:这是孩子的事,我们需要**理解和支持**。

我们可以理解孩子现在的审美就是这样可爱的状态,他想红配绿,这是他的事,理解他,让他尝试一下。我们可以给孩子的支持是,给他多看一些儿童服饰搭配的视频或者图片,提高他的审美能力。

第 8 件事：孩子把颜料弄了一地，这是谁的事？

答案：这是孩子的事，我们需要**理解和支持**。

我们可以理解孩子的窘境，也可以理解孩子尴尬的情绪。我们甚至不用多说什么，用平和的情绪等待孩子自己妥善处理后果。我们可以给孩子的支持是，给孩子建议怎样收拾残局会更便捷，或者在事后和孩子模拟一下当时是怎么把颜料撒掉，怎样调整细节就能避免这种情况发生。

在这样的理解和支持当中，孩子才能学会遇事不慌不忙，做一个情绪稳定并且负责任的人。

第 9 件事：孩子因为迟到被老师批评了，这是谁的事？

答案：孩子的事，我们的态度是**理解和支持**。

我们能够理解孩子心里很不好受，也能理解孩子被老师训斥后的愤怒。我们可以支持孩子的是，给他一些情绪管理的方法，同时一起来想办法看看如何避免这种情况。我们绝不能帮孩子去面对老师，如果我们一边生孩子的气，一边又在老师面前在替孩子找开脱，让孩子避免挨骂，这是最失败的做法。只有不指责孩子，并且帮孩子自己面对问题，才是真正的理解和支持。

第 10 件事：自己的心情不好，这是谁的事？

这不用说，肯定是你自己的事。自己的事就需要**尽心尽力，用心对待**。

所以，你要为你的心情负责，当你不开心的时候，立刻做一点让自己感觉舒服的事情,关爱自己。如果任由自己的心情变得很糟,甚至还在内心中一遍遍回味那些影响自己心情的事,就是对自己的虐待。

你的心理边界是否清晰?请在下面根据自己的情况做分析:

第三部分
认清孩子的负面行为：孩子到底欠缺何种能力

孩子的负面行为可能说明孩子欠缺某种能力。而大部分的父母因为看不清孩子出现问题的核心又着急想纠正孩子，因此变得烦躁、愤怒。当我们耐下心来学习，对孩子能始终带着好奇心、探究心，才有机会发现孩子到底欠缺什么。只有这样才会让我们的付出和努力不会白费。本章我们详细剖析了很多案例，帮助家长看清纠正孩子负面行为的关键所在是什么。

7

请对孩子始终抱有好奇心和探究心——纠正孩子负面行为常用的四个步骤

对孩子始终抱有好奇心和探究心，是帮助孩子进步的起点。

大多数孩子在成长的过程中，会出现各种各样让家长头疼的瞬间。比如撒谎、不爱学习、磨蹭、拖拉、不会交朋友、生活习惯差、做事不专心、没有上进心、贪玩等等，这些行为我们都统称为孩子的负面行为。

通常情况下，大部分的家长在遇到孩子的负面行为后，第一反应是想立刻纠正孩子。然而在没有看清孩子问题症结的时候，我们越急于解决问题就越容易失败。究其根源是因为我们的"企图心"总是轻而易举地让我们陷入到了情绪化当中。我们越试图让孩子改变，越急于让他展现出我们想要的样子，就越容易烦躁不安、指责抱怨。当不能够管好自己情绪的时候，我们已经没有能量帮助孩子了。

下面是一个有效教育孩子的常用方法，一共有四个步骤。

第一步，默念三遍"孩子负面行为的背后说明孩子欠缺某种能力"。

当你习惯性重复这句话，就给了自己的情绪一个非常好的缓冲，也帮自己明确了目的。你会立刻清醒地意识到，你现在最重要的任务不是立刻纠正孩子，而是静下心来，用心探究孩子问题的核心。这样，你才能真正帮到孩子。

第二步，拉开距离，观察孩子。

当孩子出现负面行为的时候，如果我们自己的情绪管理能力有限，同时又和孩子处在一个近距离的环境之内，你会发现，因为空间距离很近，我们很难做到客观地观察孩子。所以，这时**你和孩子拉开一定的空间距离非常重要**。

拉开距离之后，你可以一边**仔细观察孩子**，一边**自问自答**。

你可以这样向自己提问。

问：我的孩子这种表现，有可能欠缺哪种能力？

问：孩子现在几岁？以他的年龄，他正常的能力应该是怎样的？

问：生活中，他的其他表现是不是也有证据证明他的确这方面有所欠缺?

问:想要提高这种能力,急于一时行得通吗?

……

进行了几组自问自答后,你会发现你的情绪平和了,对孩子的耐心大大提高了,孩子的问题也找到了根源(就算找不到根源,也不要盲目地纠正孩子,而是要通过学习提高自己的判断能力)。

第三步,寻找有效方法,进行尝试。

当你看清了孩子的问题,如果已经想到了一些帮助孩子提高能力的做法,你就可以立刻尝试。如果你感到束手无策,也不要急于面对孩子,而是通过其他途径来寻找有效的方法,这才是对孩子负责任的做法。

你可以查阅相关资料,或者翻看相关书籍,或者学习相应课程,如果有条件还可以请教相关专家。当你用这样的心态面对孩子,自身的教育能力就会不断提高,你对孩子的帮助才是有价值、有意义的。

第四步,耐心行动,一个阶段内多重复正确做法。

方法找到了,不代表着问题解决了。只有持续性的行动才会带来孩子的改变。所以,在你确定孩子的问题根源及正确做法后,需要在一个阶段内多次地重复正确的做法,孩子相应的能力才能得到提高。

在以上的四个步骤当中,**父母最容易遇到障碍的是第二**

步，我们往往看不清孩子到底欠缺什么能力。为了解决这个问题，我从家长们提出的几千个案例中，筛选出来 12 个常见案例，并针对这些典型问题逐一进行分析。

阅读这部分的时候，有一个小建议：你可以先浏览案例看看家长对孩子负面行为的描述，然后自己先进行一下判断和分析，你也可以把自己的结论写下来，然后再继续向后阅读，看看自己的分析是否正确。

8

案例剖析：整天宅在家没朋友的孩子，欠缺什么能力

提问人：淘淘妈妈

孩子年龄：13 岁　　**性别：**男

孩子的具体表现：在学校里能和同学保持基本互动，偶尔也有同学通过社交软件问他作业，但孩子在家里从来没有提到过哪个同学是自己的朋友，家长问也不说。周末也是一直宅在家里，从来没有和同学出去玩过，也没人找他。除了在学校上课，就是在家玩电子产品。我问他怎么不找同学玩，他回答："玩什么？有啥好玩的？"让他多交朋友也不愿意，给他讲过好多道理都不听。

家长之前的做法：无数次的劝说，讲道理，但是完全没用。

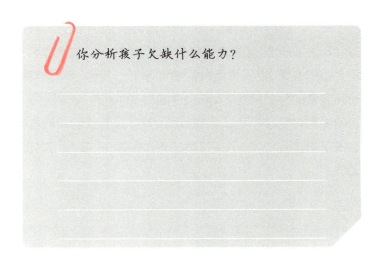

你分析孩子欠缺什么能力？

案例分析：毋庸置疑，淘淘身上欠缺的能力是多方面的。当妈妈没有看清问题根源，只是一味地劝说，这是没有意义的。**因为任何人都无法通过劝说来提高能力，就好比我们无法通过劝说让孩子学会游泳一样。**

孩子主要欠缺的能力：人际交往能力和沟通能力。人际交往能力是一项综合能力，这中间包含了孩子如何与人互动，如何融入一个圈子？如何解决人际关系矛盾？如何与人达成共识……孩子没有这些能力，他就很难与周围的人进行交往，他就会始终游离在群体之外。当家长看清了孩子的问题后，帮助孩子一点点提高技能，这比频繁劝说孩子有效太多了。

孩子的年龄：13 岁。

13 岁，已经不是解决这个问题最好的时间了。显然，作为父母发现问题有些晚。我们通常把 13 岁之前称为一个孩子人生的春天，春天是播种的重要季节。其中，我们要种下的一颗重要的种子就是"人际交往能力"的种子，可惜淘淘 13 岁之前没有做到这一点。不过幸运的是，只要我们找到方向，肯给孩子更多耐心，孩子在正确的方法指导下，还是可以迅速改变的。

9

案例剖析：丢三落四的孩子，欠缺什么能力

提问人：心心妈妈

孩子年龄：6 岁　　**性别：**女

孩子的具体表现：总是丢三落四，出门在外就会很容易丢东西，把东西丢到哪里了也不知道，具体丢了什么也不记得。每天看起来就是脑袋空空的，经常走神犯傻，不知道这孩子啥毛病？简直让家长"抓狂"！

家长之前的做法：只要丢东西，家长就会狠狠揍孩子一顿，但她似乎永远不长记性。家长看到她发呆走神就生气，但是怎么批评，都没用。家长也很苦恼：这孩子是不是没救了？

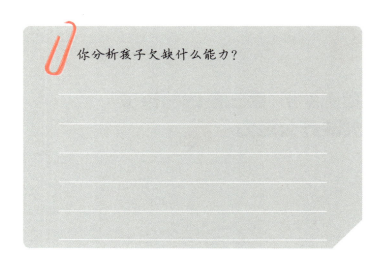

你分析孩子欠缺什么能力？

案例分析：很显然，心心妈妈的耐心是非常有限的，对待孩子的负面行为也比较简单粗暴。家长总是试图让孩子吃点苦头，就能让她长记性。岂不知，当孩子的能力欠缺，就算给她的苦头再多，也无法让她改变。这种做法只会让亲子关系越来越僵化。

孩子主要欠缺的能力：专注的能力和做事的条理性。心心的专注力水平明显是不足的。专注力不足的表现是容易走神发呆，无法持续注意一个目标，所以才会丢三落四。很多家长右这种情况下，会给孩子贴一个负面标签，扣一个罪名，说"孩子没有责任心"。这里有一个分辨"注意力不足"和"责任心欠缺"的最简单方法，就是看看孩子是不是注意力容易分散，是不是容易走神发呆？如果这种表现很突出，那么孩子的情况显然是前者。

孩子的年龄：6 岁。

心心妈妈应该感到非常庆幸。因为 6 岁左右是孩子提高专注力的最佳时期。矫正孩子的专注力，黄金时期是 5~12 岁，心心现在正处于改变的好时机。心心妈妈应该停止打骂，通过专注力训练来帮助孩子。关于专注力的训练方法，有很多相关书籍，家长也可以学习一下。

10

案例剖析：对自己要求低的"佛系"孩子，欠缺什么能力

提问人：辰辰妈妈

孩子年龄：9岁　　**性别：**男

孩子的具体表现：对自己的要求太低，尤其是学习方面很容易满足。面对考试总觉得能考95分左右就已经可以了，绝不会给自己定位在100分。而且在他心里认定学习好、能考到班上前几名的一定是女生，所以压根不想争班级名次，只想做男生里的尖子。如果偶尔没考好，比如考了80多分，就会跟家长说，班里还有人更差，比自己分数低的人还有一大把……总之就是没有上进心，不想跟分数高的同学比较，这样怎么能持续进步呢？

家长之前的做法：家长不要求他考多少分，但非常在乎他的学习态度。孩子现在的问题就是学习态度不端正、不积极。

家长批评过他,也讲过很多道理,但是效果不好。

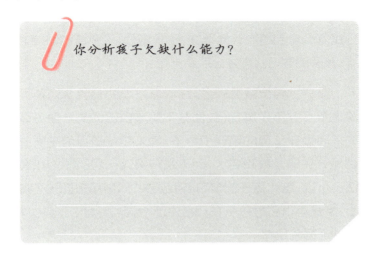

你分析孩子欠缺什么能力?

案例分析:显然,这个案例中,更需要调整的是妈妈的心态。妈妈希望孩子更有上进心,可是怎么让孩子有上进心妈妈并不知道。**上进心并不是来自"竞争欲"。**一个竞争欲过强的孩子,会始终努力,始终焦虑。我们可以看一下马拉松比赛的场景,当一名选手一直盯着前边的人跑,他会越追越累,即便自己进入领先位置,也会担心身后的人随时赶上来,如果这样很难用好的状态完成整场比赛。优秀的马拉松选手,通常都是专注于自己的节奏,随时调控自己的步伐,其他选手的速度,他会仅仅当一个暂时的参考。

同理,如果辰辰妈妈想帮孩子提升上进心,最主要的着眼点应该是让孩子学会观察自己各种学习能力的变化。比如,自己是否又找到了新的记忆方法? 是否比以前更有能力静下心来？是否比以前更会整理错题？是否比以前更会梳理解题思路？同时，父母还可以经常带孩子思考，目前卷面上的这些高分是怎么拿到的？长此以往，不求满分，只专注学习能力的提高，孩子的学习状态才会后劲十足。

孩子主要欠缺的能力：在学习方面的自我认知能力。也就是孩子并不了解自己，他并不知道自己的高分是怎么得到的。因为在父母的错误引导下，大人和孩子目前主要关注的都是外在的分数和名次，而不是获得这一切的能力和有效做法。所以，这和孩子的学习态度无关，如果想提升孩子的上进心，家长可以引导孩子在日常生活中，多寻找自己能力变化的各种证据就足够。

孩子的年龄： 9 岁。

9 岁是孩子提高自我认知能力的一个关键年龄。因为孩子到了青春期（11 岁左右），自我认知会越来越稳定，而随着孩子青春期个性化过程的开始，家长想要帮助孩子改变自我认知就会比较吃力。

11

案例剖析：孩子遇到难题就发脾气，欠缺什么能力

提问人：小杰妈妈

孩子年龄：10 岁　　**性别：**男

孩子的具体表现：孩子遇到问题的时候要么畏难逃避，彻底放弃；要么就自己和事情杠上了。如写作业的时候，遇到不会的题，家长告诉他可以先把不会的跳过去，等作业整体写完了，再回头做不会的。他就一定要把这道题做出来才往后写，或者是又哭又闹情绪失控，要求家长给他直接说答案。

家长之前的做法：小杰妈妈之前表扬他，肯定他的正面动机，比如会说："妈妈知道你很想做优秀的孩子，所以不能忍受自己有题不会。但是没有人学一遍就什么都记得，你把错误的和不会的分别记下来就行了。"但是效果不好，他还是要按照自己的想法，所有作业一次性按顺序做好。天天都因为出现不

会的题发脾气,这个问题三年了还没解决。

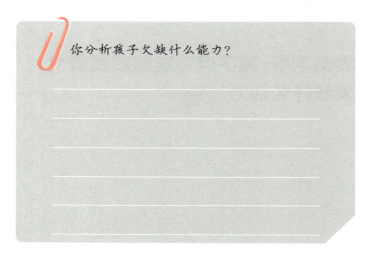

你分析孩子欠缺什么能力?

案例分析: 小杰是一个很有想法的孩子,越是有想法的孩子,越对自己的观点、自己的决定看得很重!这个问题之所以三年都未解决,最主要的原因是孩子和父母在争夺"谁对写作业这件事说了算"的权利。换成另一个性格绵软的孩子可能早都放弃自己的想法了,可是小杰不愿意放弃。所以他的父母越劝他,越安排写作业的细节,他越抗拒。

孩子主要欠缺的能力:情绪的管理能力、做事的规划能力。 想要帮助孩子改善目前的情况,父母要避免长篇大论讲道理。三年里,针对这个小问题,父母并没有看到孩子到底欠缺什么能力,而是三年如一日的不停规劝,在早已证明这个做法是无效的情况下,父母依然不愿意换个做法试试,换条路走走,而是固执地继续重复无效方法,导致孩子情绪化的问题越来越多。

这种情况下,应该重点教给孩子一些情绪管理的方法,让他在负面情绪上头的时候知道怎么帮自己,同时教孩子如何规划时间,让他为自己的事情做主。即便孩子的计划很不合理,也只需要带着孩子在实践的过程中进一步微调。当他的情绪管理能力提高了,规划能力也提高了,和他较劲的父母也不再较劲了,面对学习就平和了。

孩子的年龄:10 岁。

如今,孩子们进入青春期的年龄已经越来越提前了。很多孩子 9 岁、10 岁就开始出现了青春期个性化的一系列表现,所以在教育孩子的时候要格外留意自己孩子的年龄。很多家长忽视了这一点,还把孩子当成一个任由自己安排的小宝宝:6 岁的时候这样对他,10 岁、15 岁的时候还这样对他。这样是行不通的。小杰妈妈在孩子这个年龄更需要懂得给他放权,不牵扯原则性的事就尽量给孩子机会,让孩子自己决定。如"不会的题现在做还是一会儿做",这样的事根本不是原则问题,完全可以在孩子自己掌握的权利范围之内。

12

案例剖析：对父母粗暴叛逆的孩子，欠缺什么能力

提问人：山山爸爸

孩子年龄：14 岁　　**性别：**男

孩子的具体表现：孩子现在 14 岁，从小脾气倔，越大越爱顶嘴叛逆不服管教。家长觉得作为父母和他很难沟通，只要一开口说话，他就和家长不在一个频道上，而且说不了几句就不耐烦，动不动对家长大吼大叫。你多说他两句，就摔门锁门，把家长关在他的房间外不让进去。山山爸爸很想尽到做父亲的责任，但是真的打也打了，骂也骂过，他还是这么叛逆，对家长和长辈一点都不尊重，都不知道怎么办才好。

家长之前的做法：山山父母的教育观念比较统一，都认为孩子就应该尊重大人，说话做事有分寸，所以如果孩子对家长不礼貌，家长通常都会立刻批评，如果批评不管用，就会打孩

子,让孩子知道这样的错误绝对不能犯。但是没有效果,孩子越大越叛逆。

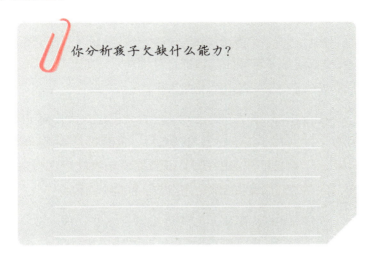

你分析孩子欠缺什么能力?

案例分析:山山家目前的教育困境最主要是因为家庭地位的不平等而导致的。很多家长认为孩子对父母大声说话就是顶嘴,顶嘴就是不尊重家长,其实充满了对孩子的误解。

毫无疑问,孩子的成长是需要家长的管理和引领的,但这并不代表着孩子在家庭中的地位就更低。**良好的亲子关系,最主要是建立在"平等、理解、支持、肯定、尊重、耐心、接纳"的基础上的。**所谓顶嘴,客观地来讲应该是"孩子用愤怒的情绪在表达和大人不一样的观点"。大部分开明的家长是能够接受孩子和自己有不一样的观点和看法,所以这里核心的问题孩子表达想法的态度让家长比较受伤。

孩子主要欠缺的能力：情绪管理和沟通能力。在孩子 6 岁前，我们在日常的互动中，就带孩子识别各种表情，学会观察人的各种情绪状态，这是一个孩子情商的起点。在孩子有能力对自己对别人"察言观色"后，父母可以在孩子成长的过程中，经常给孩子示范如何管理各种情绪。比如愤怒如何表达，伤心如何表达，兴奋如何表达等等。

在 6 岁前，孩子的语言表达能力就已经大大提高，但是语言表达能力并不完全代表沟通能力。**沟通能力指的是我们传递和表述自己的想法的能力，以及理解和接收对方想法的能力。沟通的目的是传递情感和想法，达成共识和合作。**

显然，山山没有从父母的身上学会这些。很多成年人沟通能力很弱，因此总是自说自话，对方听不进去还一直说，对方很抗拒还一直说，甚至听不明白对方的想法，看起来是在沟通，其实就是在辩论和较劲。失败的沟通总是太看重问题的对错，太看重自己的观点和想法。山山父母目前的困境就是因为这个原因而导致。

孩子的年龄：14 岁。

14 岁的少年已经进入青春期。这时帮助孩子学会情绪管理并提升他的沟通能力对父母来说是一个极大的挑战。因为在孩子的这个年龄，父母想教孩子一些技能，孩子往往会直接拒绝。而这一切在他年龄小的时候，一场轻松的游戏，在玩闹之间，父母就能轻而易举地教会孩子很多，但这个时机显然已经错过了。所以此时此刻，山山父母应该努力改善自己的沟通方式，给孩子做出正确示范，努力把着眼点放在自己的身上。

13

案例剖析：无法独立睡觉的孩子，欠缺什么能力

提问人：凡凡妈妈

孩子年龄：8 岁　　　**性别：**男

孩子的具体表现：家长从 6 岁半左右就让凡凡分房睡，到现在已经持续一年多了，但是孩子每次睡觉还是要父母看着睡才行。有的时候，半夜三更会爬起来跑到父母房间，要求和他们睡。每个月总会有几天和父母讲条件，不想自己睡，就要跟父母挤，如果不答应，就一直闹。尤其是近期，反复这样，比较严重，特别依赖妈妈。

家长之前的做法：凡凡妈妈之前的做法是和孩子说好一个星期有一天他可以和父母睡。这段时间想让凡凡早点完成作业早点睡觉，就跟他约定：如果能在九点半之前写完作业，并且洗漱完毕躺在床上，凡凡妈妈就会在晚上陪他一起睡。结

果,凡凡不但不加快速度写作业,磨蹭拖拉把时间浪费了,还要求妈妈要兑现承诺晚上陪他,要是不同意就一直哭闹,简直不讲理。

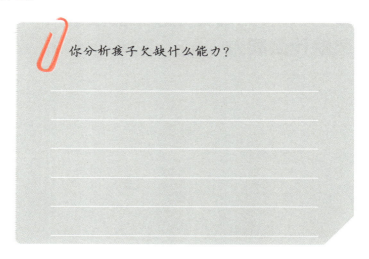

你分析孩子欠缺什么能力?

案例分析:这个案例中,一件小事之所以让凡凡妈妈越来越烦恼,最主要的原因是凡凡妈妈针对睡觉这件事一直都给了凡凡商量的余地。在教育孩子的过程中,我们该民主时要民主,但是该坚守原则时就要坚守原则。**有的事情可商量,有的事情就是没得商量。**按时睡觉以及独立睡觉这两件事对于一个 8 岁的孩子来说原本就是没得商量的事。就如同作业必须要自己写,饭要自己吃一样,都是不需要商量和讨论的。

没得商量代表着:就算孩子失望,该怎么样还是要怎么样;就算孩子难过,该怎么样还是要怎么样。这样孩子很快就能知道有些事不管愿意不愿意,不管想做不想做都要去做。他就会放弃在这些事情上花费时间和大人较劲。

孩子主要欠缺的能力：规则意识。孩子到目前，并不明白家庭中哪些事需要基本遵守的规则，哪些事是可以和家长商量和讨论的。这个错不在孩子，而是父母本身对这一点也不清晰。

孩子的年龄：8 岁。

孩子的规则意识的建立最重要的年龄是 6 岁之前，那时候给孩子建立各种秩序和规矩是最轻松的。6 岁后，孩子的目主意识会越来越强，父母越容易动摇，孩子越难管理。

14

案例剖析：总是侵犯别人权益的孩子，欠缺什么能力

提问人：听听妈妈

孩子年龄：7岁　　**性别：**男

孩子的具体表现：听听特别爱玩手机，稍不注意就把大人的手机拿过去玩儿，家长要三、四遍都不愿意归还。有的时候因为家长要赶着上班就只能强行把手机抢回来，手机被抢后他就大发脾气，拿东西撒气，抓住什么就扔什么，让他把东西捡起来，他会对大人吼着说："要你管呢？"真能把家长"气死"！家长感觉孩子有强烈的报复心理，只要不顺心，不如意，就故意使坏弄坏东西，很让人讨厌。

孩子行为举例：

1. 答应带他出去玩，如果家长晚了几分钟，他就会生气，

或者感觉无聊开始把东西都扔到地上。

2. 他想和别人玩,但是别人如果没理他,他就会不停地撩人,不是拍别人就是踢别人,最后就是被人追着跑,最后谁都不愿意和他玩。想交朋友,又不会说,总是乐此不疲的作弄别人。

家长之前的做法:孩子犯错,家长会罚站,也会揍他,每次罚站后或者挨打以后,孩子能好几天,但是很快还会再犯。

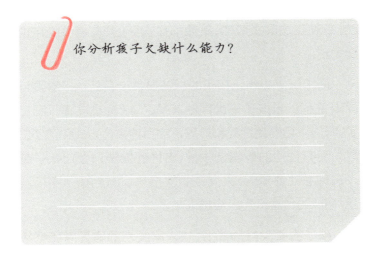

你分析孩子欠缺什么能力?

案例分析:帮助孩子成长的过程中,我们要让他掌握这个世界的逻辑关系是什么。我们的逻辑关系约有 6 种:1. 从因到果;2. 从主到次;3. 从整体到部分;4. 从概括到具体;5. 从现象到本质;6. 从具体到一般。比如,让孩子学会因果关系,我们就需要让孩子从日常经验中反复获得种瓜得瓜,种豆得豆的本验。这样孩子能慢慢总结出正确的因果关系。如,因为对妈妈不友好,所以妈妈会拒绝和自己继续做游戏;再比如,因为抢了爸爸的东西,所以爸爸就会拒绝再借物品给他;再比如,因为有礼貌地请求妈妈帮忙,所以妈妈就很乐意答应了自己……

再说说"主次关系"。如果想让孩子理解这种逻辑关系,我们就需要让孩子在生活中多次参与判断,什么是主要? 什么是次要? 如交一个朋友,和自己能合得来,能肯定支持自己,三观正是最主要的,其他都是次要的,有点小缺点也是无伤大雅。

而听听妈妈纠正孩子的做法显然没有让孩子看清任何的逻辑关系。当孩子干扰其他孩子了,或者是发脾气乱扔东西了,妈妈采用的是罚跪和打骂。这两种教育方式和孩子的负面行为没有任何的逻辑相关性,这样的做法只会让孩子感觉大人在刻意让他受苦,大人在拿他出气。因此孩子不但没有改变,相似的负面行为还会越来越多。

孩子主要欠缺的能力:缺人际关系的边界感和情绪管理能力。听听已经上一年级了,但是仍然分不清什么是"你的",什么是"我的",什么是"他的",这是人际关系的边界感中最基本的部分。因为他不理解这些,所以他会随意地抢别人的东西,也会随意的破坏别人的游戏氛围。当家长抓住问题的核心,帮助孩子理解了人际关系的边界感,他才能知道如何尊重别人的物品,他才能知道怎么维护自己的权益。情绪管理能力可参考之前的案例。

孩子的年龄: 7 岁。

建立人际关系边界感的最佳时间是孩子 6 岁前。听听现在虽然超过了最佳时间,但也才 7 岁,所以听听的爸爸妈妈只需要好好着手,针对问题的根源,帮助他进行改善,增加他体验边界感的机会,并且给他多多示范情绪管理的一些小方法,相信听听会很快进步。

15

案例剖析：总是怕迟到而紧张焦虑的孩子，欠缺什么能力

提问人：左左妈妈

孩子年龄：10 岁　　　**性别：**女

孩子的具体表现：10 岁的左左每天上学前，压力都非常大，总怕迟到。比如下午 3:00 上课，如果 2:30 还没出门，她就会非常紧张、非常焦虑。偶尔有一天晚起一会儿，2:40 还没出门，她就一惊一乍，叫着"要迟到了"。实际上孩子家里距离学校就只有 5 分钟路程，不紧不慢地走过去十几分钟也足够，二十分钟时间是很充沛的，根本不会迟到，但她就是很焦虑。

吃饭的时候也是这样，如果家长说她吃得慢了，她就会立刻拼命地狼吞虎咽，大口大口地扒拉，不咀嚼就全部咽下去，用最快的速度吃完，看得人心疼。早上左左也不像其他孩子有

赖床的问题，她从来不需要家长叫醒，一般会早早起来，还会快速穿衣服，快速洗漱。如果要去学校，一定要提前 30 分钟出门她才放心。家长不明白为什么她总是紧张。

家长之前的做法：家长通常是以劝说为主，左左妈妈会跟她说："你不用那么紧张，我都给你算过时间了，你从学校到家里，五分钟都能赶得及，十五分钟绰绰有余。"但左左根本不听劝。

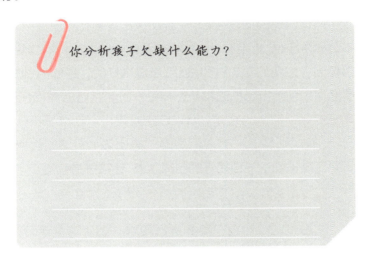

你分析孩子欠缺什么能力？

案例分析：每个孩子做事都有正面动机和负面动机。显然左左的正面动机更加强烈。她的规则意识非常强，时间观念和上进心都很强，比较追求完美。所以她不允许自己打破规则或者落后，比如迟到的行为她无法接受，如果有人抱怨她做事慢、吃饭慢，她无法接受。她希望自己的行为符合标准，这是一个很好的正面动机。左左的问题在于她的情绪体验是以焦虑为主。

孩子主要欠缺的能力：情绪管理能力和自我欣赏能力。能够看出左左没有太多的情绪管理的方法，所以她只会给自己加压，不会给自己减压。她焦虑的时候会通过把事情做得更好来减缓自己的内心感受，却不会用一些方法从内在进行情绪消融和释放。比如，为防止迟到，她会让自己把起床的时间尽量提前，这样才能放心。

通过妈妈的描述，我们能看到左左只会给自己提要求，却不会欣赏自己、肯定自己。这样就会让她陷入一种持续焦虑和内耗当中。我们要想进步，适度焦虑是好的，但同时我们还需要懂得如何给自己加油和补充能量。**而欣赏自己、肯定自己是最好的补充能量的方式**。所以左左妈妈可以让孩子不断认可自己"有规则意识""有时间观念""有上进心"，这些优良的品质会让孩子处于一种很好的自律状态，让孩子持续进步。

孩子的年龄：10 岁。

左左 10 岁，对自己高标准严要求。到了这个年龄，孩子有这样的表现，可见在父母的养育下孩子已经学会了自律。**现在父母只需要增加对孩子行为的"正面诠释"就足够**。只要孩子的焦虑情绪在一个合情合理的程度内，家长就不必担心，专注帮孩子提升情绪管理能力，进一步提高自我认同和自我欣赏能力就可以。

16

案例剖析：谎话连篇的孩子，欠缺什么能力

提问人：小琪妈妈

孩子年龄：8 岁　　**性别：**女

孩子的具体表现：小琪总是不停地钻空子，经常跟家长撒谎。比如她说作业在学校写完了，实际根本就没写，每次都要让家长揭穿后才承认；再比如，老师发了两张卷子，一张让同学们在课堂上写完，一张让拿回家当家庭作业，她就会两面撒谎。对家长说："老师今天没有布置作业！"第二天又对老师说："卷子落在家里了，没带。"

家长之前的做法：一是和老师沟通。小琪几次撒谎后，家长就跟老师打电话沟通了孩子的情况，希望老师能批评她，并且杜绝她在学校里钻空子。同时跟老师核对了好几天的作业，如果她漏掉了，就让她补。二是惩罚。小琪父母达成共识，只

要抓住小琪撒一次谎，家长就会打她，让她记住教训。三是提醒。每天叮嘱孩子不要忘记作业，把作业记清楚。但是以上做法都不管用，小琪还是这样，没有丝毫收敛。她一边害怕家长跟老师核对作业，一边又和家长撒谎，进行周旋。家长也担心经常给老师告状，老师会对她产生看法，所以给老师打了几天电话也就没有坚持问老师作业了。结果，期末考试成绩都是班级倒数了！

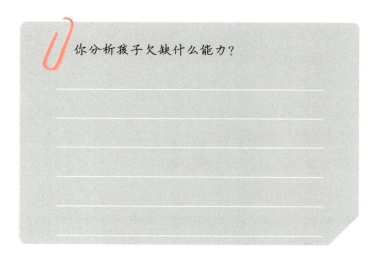

你分析孩子欠缺什么能力？

案例分析：能够感受到小琪父母对小琪的教育非常重视。但是目前最大的问题是，小琪父母仅仅在凭经验和盲目揣测在解决孩子的问题，这样难免失去客观性，很难触及孩子问题的核心。比如，他们以为打骂可以让孩子长记性，岂不知，"撒谎"这种行为本身就是孩子的一种自我保护机制，是孩子在判断环境对自己不安全之后，才会采取的行动。所以，打骂的教育方式只会让孩子变本加厉地撒谎,并且她会努力把谎言越说越圆。

孩子主要欠缺的能力:对学习任务的承担力和对父母的信任感。从父母的描述中能看出,到目前为止,没有人开始着手帮助小琪理解学习的价值和意义,所以在她的心里,认为作业、学习任务都是负担,是父母和老师给她强加的一种负担,因此她想尽办法在逃避,甚至她已经和父母和老师进入了"猫捉老鼠"的游戏状态。父母和老师抓她的方式在升级,她躲藏的方式也在升级。

解决这个问题有两个着力点:第一,在生活中父母更多地和孩子更多的建立轻松有趣的互动,多玩、多闹、多倾听、多探讨。务必停止打骂和围追堵截,这样才能重新建立父母和孩子之间的信任关系。第二,持续重复有效动作。比如父母可以请老师指派一名同学,每天给父母同步一下当日作业,每天开始写作业的时候,让她先回忆今天要完成的内容,如果和父母手中的作业清单内容一致,说明孩子记得非常清楚,父母就可以给予孩子肯定。如果孩子漏记了,父母也只需要平和地补充一下就足够,**不需要讲道理,也不需要指责孩子。**这样持续一阶段,孩子钻空子、撒谎的问题就会自然消失。

孩子的年龄:8岁。

撒谎是很容易成瘾的,而幸运的是小琪今年只有8岁,这样的猫捉老鼠的游戏能尽快停止,孩子就不会发展得更严重。所小琪父母应该尽快改善自己的教育方式来解决这个问题。

17

案例剖析：花钱无节制的孩子，欠缺什么能力

提问人：小于妈妈

孩子年龄：15 岁　　**性别：**女

孩子的具体表现：小于妈妈很苦恼，小于和父母的关系很僵，不尊重父母，爱攀比，爱慕虚荣，毫无感恩心，只会索取，不会付出。孩子强烈要求父母离婚，说他们离婚了就谁也别管她，她要去吃青春饭，父母也不知道她说的青春饭指的是什么。天天在家打游戏，晚上几乎很少睡觉，不停地网聊，特别爱花钱，想买贵衣服，现在家里没人能说她。对父母总是一副鄙视的神情，好像父母给她多丢人一样。一张口就是要钱，不给钱就让父母闭嘴。甚至在社交软件中拉黑父母。

家长之前的做法：因为小于拒绝和妈妈沟通，小于妈妈也会向她示弱，尽量和她小心翼翼地说话，但是她反而变本加

厉,真是让父母伤透了心。小于妈妈也哭过,闹过,苦口婆心地劝过,想让她能醒悟。小于的父母都是工薪阶层,没办法满足她的那些需求,想让她能为父母着想,多理解理解大人,但是没效果,她就是把父母当成了"提款机",除了要钱,她和父母无话可说。

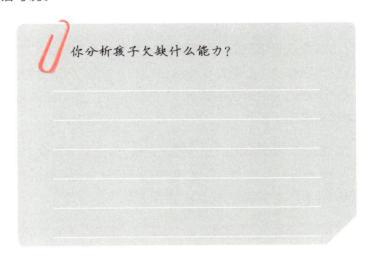

你分析孩子欠缺什么能力?

案例分析:小于的问题比较复杂。从小于妈妈的描述中看起来矛盾的核心点是孩子不懂事,总想乱花钱,没有感恩心,其实这很可能都是表象。我们注意看很多细节:小于强烈地想让父母离婚,这说明孩子对家庭的失望已经不是一天两天了。小于天天在家打游戏、网聊、不学习,说明孩子对人生非常迷茫,完全没有方向。作为一个 15 岁的孩子,她不知道自己能发展的梦想是什么,更加不知道自己的发展方向是什么,所以她说她想去吃青春饭。还有一个细节,小于晚上很少睡觉。很多家长指责孩子打游戏不睡觉，现在很多孩子因为兴趣匮乏，内心焦虑而导致睡眠障碍。这些孩子沉浸在网络世界里，可以回避很多现实问题。小于不顾家庭条件，就想买昂贵的衣服和物品，这很可能是孩子内在价值严重不足的一种表现。这不是在为一个不懂事的孩子找开脱，而是我们先需要客观地、善意地去理解孩子，才更有可能看清她的真正问题。

每个孩子都希望让父母满意。而从那个温暖柔软的小婴儿变成现在这个心硬如铁的叛逆女孩，这是家庭塑造的结果。从这个侧面也说明了在这 15 年的相处当中，父母给她带来的影响到底是什么。

相信父母的出发点是一定是好的，相信父母在这 15 年里已经给孩子倾尽所有。但是，也不得不承认父母所有的付出得到的结果就站在眼前，就是孩子的现状。

孩子主要欠缺的能力：沟通能力、情绪管理能力、金钱掌控力、人际关系能力、自我欣赏能力、自律能力……孩子欠缺的太多了。看起来孩子让大人很头疼，孩子的人生也因为欠缺太多，匮乏太多而陷入在一片混乱当中。作为家长想要帮助孩子就要**从根儿上做起，帮助孩子重新建立"归属感"和"价值感"。**而在做这一切之前，父母还有一件很重要的事要做，就是先要**帮助自己进行心理建设。**先让自己的生活状态、家庭氛围进入一个轻松和谐的状态，后续的一切努力可能才能有效。这是为孩子，也是为自己。

你可能会想，这怎么可能做到？家庭氛围哪能说变就变？不用想那么多，**先改善自己的心境**，比如小于妈妈可以先把孩子的重要性放一放，有时间可以学学沟通技巧，也可以每天运动运动，让自己找回活力，脸上重新有笑容。和孩子的互动既**不要刻意讨好她，也不要刻意冷漠对待她**。能和孩子在饭桌上聊一个轻松的话题就聊一聊，如果不能，就轻松愉快地一起享用每一顿饭就可以。有了这个起点之后，后续章节里会讲怎么修复破裂的亲子关系，家长可以反复尝试那些实践方法，亲子关系才有望回头。

当然，给小于妈妈也提个醒，结合孩子的这些表现，还需要重点观察一下孩子早晨起床后的反应。如果孩子早晨起床情绪最低沉，甚至感觉浑身乏力，心情压抑，建议要带孩子去筛查一下是否孩子有抑郁的倾向。因为青春期是各种神经官能症的高发期。

孩子的年龄：15 岁。

通常情况下，孩子到了这个年龄，如果成长不理想，往往孩子和父母之间已经积怨已深。亲子关系是这个世界上最亲密的一种关系，却也是带来伤害最持久的一种关系。所以才会有这句话："幸运的人用童年治愈一生，不幸的人用一生治愈童年。"每一位肯为孩子改变自己的父母都是难得的，即便到了孩子十几岁父母才意识到需要为了孩子改变自己，也一样难能可贵。

18

案例剖析：嫉妒心强的孩子，欠缺什么能力

提问人：橘子妈妈

孩子年龄：13 岁　　**性别：**女

孩子的具体表现：橘子有很严重的嫉妒心，她看到平时和自己要好的同学和别的同学玩到一块了，心里就非常不舒服，感到不平衡。看到和自己要好的同学收到礼物而自己没收到，心里也会非常难受。如果别人邀请自己的好朋友出去玩而没有叫她，她会非常生气。在家里，如果爸爸妈妈在开心地聊天，没有叫她，她也会心情郁闷，感觉被忽略了。这到底是什么心态？怎么这么爱嫉妒呢？

家长之前的做法：面对这些，橘子妈妈通常会安慰她。会这样说："你愿意告诉妈妈，说明你对妈妈很放心，谢谢你对妈妈的信任。我们不可能让每个人都喜欢，每个人都

有自己喜欢的东西,每个人也有选择的权利,我们没办法强求,不过,我们可以去学习一下别人是怎么做到的。"这些话橘子妈妈表示都已经说腻了,但是孩子依然没有什么改变。

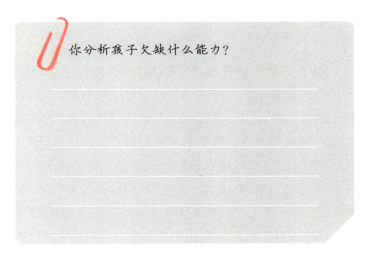

你分析孩子欠缺什么能力?

案例分析:首先,可以肯定的是橘子妈妈非常善于表达自己的想法,看待孩子的问题也能够抓住重点。你可能会想既然这样,为什么孩子的问题还是没有得到解决呢? 原因如下:

很多家长试图用一种方法走天下。也就是我们习惯用哪个方法,不管效果如何,每次都会按部就班的拿出来,再来操练一遍。橘子妈妈目前就是这样的状态。

在橘子妈妈和孩子的对话中,可以说每一句话都说得合情合理,非常正确。可是,如果在和孩子进行过几次沟通之后,发现孩子的问题依然如此,就说明孩子**并没有能力把我们的话真正理解和吸收,也更没有办法把大人给她讲的道理变成行动来解决实际问题。**因此,这时候,橘子妈妈就应该思考,如何把自己讲的这些话转化成孩子实际能够做到的,也可以带着孩子实际演练一番,这样才能真正地帮到孩子。

孩子主要欠缺的能力:情绪管理能力。情绪管理的第一步就是要理解自己的情绪,每一种情绪的背后都是有力量的。当我们能让孩子看清这些力量,就可以很好地利用这些力量帮助孩子进步。嫉妒的背后隐藏着大量美好的盼望,比如盼望自己更好,盼望自己能收获更多。例如橘子嫉妒好朋友收到礼物,背后真正的力量是**"盼望自己也能收到祝福,收到礼物"**。当橘子嫉妒好朋友和新朋友去玩了,背后真正的力量是**"盼望自己也能拥有更多好朋友"**。当橘子看到爸爸妈妈聊得热火朝天,自己被晾在一边,这时嫉妒背后的真正力量是**"盼望自己也能融入爸爸妈妈的聊天当中"**。当父母帮助孩子看清了这些情绪背后的力量,然后再和孩子探讨如何实现时,以后孩子产生嫉妒情绪之后,就能顺利地把负面情绪进行转化。

孩子的年龄:13岁。

让孩子开始学习认识情绪、理解情绪的最好年龄是6岁前。让孩子深入了解情绪背后的力量,并且能善用情绪和情感的力量解决生活中的各种问题,是6岁到13岁有关于情商提升的重要任务。橘子今年13岁,之所以反复受到"嫉妒心"这个问题的困扰,原因是这么久以来,没有人引导她真正理解情绪到底说明了什么。在妈妈的劝说中,嫉妒似乎是不应该的一种情绪,所以孩子一面忍不住产生这种情绪,另一方面又认为产生这种情绪是不对的。在纠结中,嫉妒心反而会更加敏感地冒出头来。

19

案例剖析：不愿分享的孩子，欠缺什么能力

提问人：燕子妈妈

孩子年龄：6岁　　**性别：**女

孩子的具体表现：6岁多的燕子不愿意把自己喜欢吃的东西分享给任何人。有一次燕子吃甜甜圈时，燕子爸爸说给他吃一口，她就不愿意。爸爸当时特别生气，说："你这样自私不爱分享，我一会儿出去买你最喜欢吃的零食，也不给你吃，只给隔壁邻居家的孩子吃，看你怎么办？"之后，孩子想抱爸爸，爸爸也坚决不让她抱，连拉手都不让拉。类似的事情已经发生过两三回了，每次只要燕子不愿意分享给爸爸吃，爸爸都特别生气，也不理她。燕子每次都会在事后去讨好他，他也不理女儿。燕子妈妈私底下说爸爸："你做得很好吗？你在外面情商也挺高的，怎么在家里就对女儿这种态度呢？"燕子爸爸说他就是

认为孩子没有良心,给自己的爸爸都舍不得分享。现在燕子妈妈也不知道到底是爸爸不对还是孩子不对,更不知道该怎么解决这个事情。

家长之前的做法:做和事佬。妈妈一边和爸爸沟通,劝说他对女儿大度一些,一边也劝说女儿,让她对爸爸大方一些。但是两个人都是"小孩",燕子妈妈劝说半天也没用,他们都认为自己很有道理。

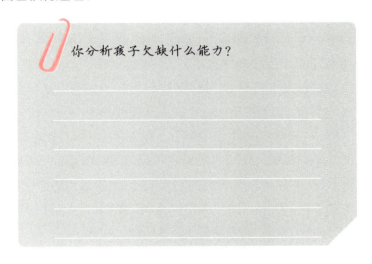

你分析孩子欠缺什么能力?

案例分析:并不是每个人的心理年龄都和身体的年龄一样大。有的人看起来是**成年人的外貌,但内在却是一个小小孩。**燕子的家庭就是这样一家人,有两个角色,一个大人,两个小孩。一个大人指的是妈妈,因为相对来说,妈妈的心智更成熟一些。两个小孩指的是燕子和爸爸,而且在这件事情的处理上,爸爸的心理年龄甚至比孩子还要小。爸爸想让孩子给他分享美食，却不允许孩子拒绝。在遭到拒绝后，爸爸就用语言威胁孩子，威胁不成，就不理孩子，在孩子向自己低头后，还继续对孩子耍小孩脾气，不允许孩子碰他动他，活脱脱的三岁大男孩。**这种互动方式，非常容易让孩子走进误区，他们会误以为自己是无权拒绝别人的。**只要拒绝别人了，就是自己不对。

孩子主要欠缺的能力：找不到人际交往的边界感，也认不清物品的归属权。在这个案例中，欠缺这两种能力的并不仅仅是孩子一人，爸爸也同样有所欠缺。在人际交往中，从物质的角度来说，有的东西是"共有和共享"的，有的东西是"独有和独享"的。比如，当一家人买了一盒甜甜圈，当甜甜圈在盒子里的时候，这属于大家"共有和共享"的，谁都有权从里面拿出来一个吃。但当甜甜圈成为孩子自己的甜食以后，它已经变成了孩子"独有和独享"的食物了，而"独有和独享"的东西最重要的是尊重物品所有人的自我意愿，如果物品的所有人不愿意分享，他完全是有权拒绝别人的，因为这是他的东西，只有他说了算。所以，分配"共有和共享"的物品需要符合规则，分配"独有和独享"的物品需要尊重所有人的意愿。

爸爸的行为正在侵犯孩子的物品所有权，强迫孩子分享不但会让孩子学会讨好别人，还会让孩子以为别人提出要求自己无权拒绝，更会让孩子以为自己的意愿无关紧要，不需要尊重。这些都是错误的，这只会让孩子在以后的人际交往中处于被动的状态。

孩子的年龄：6 岁。

6 岁前是孩子建立人际关系边界感的最重要时间，这时候父母帮助孩子看清楚边界，让孩子明白如何维护自己的权益，并且让孩子学会如何尊重他人的意愿，这都是非常重要的。显然，燕子爸爸的做法正在和这个目标背道而驰。所以两人都要学习。

第四部分
"内疚之心"是管教之路的"拦路虎"

很多家长在管教孩子的时候,容易产生内疚之心。当孩子要求得不到满足时,当孩子受到挫折时,当孩子不想遵守约定或者规则时,当孩子情绪波动时……家长的心就开始内疚。而内疚是你放弃原则,或者盲目满足孩子的开始。

20

你为何面对孩子容易情绪化？"内疚之心"是罪魁祸首

在管理孩子的时候，很多家长常常把两种最重要的力量给丢掉了。

一种是平和的力量。

一种是坚持原则的力量。

为什么这么说？举一个例子。有一对母子，出门前，孩子和妈妈约好不乱花钱。但是，现在孩子看到一个玩具就很想要。妈妈不同意。孩子就开始发脾气："妈妈坏，妈妈抠门，你明明就是有钱，你就是不想给我买！"

妈妈一听，一边因为孩子的抱怨感觉有些生气，但另一边却又因为自己没有满足孩子而忍不住有些内疚，在这种纠结的心态之下妈妈的内心就很可能产生矛盾。

第一个想法:孩子也没有过分的要求,一个玩具而已,有必要和孩子较劲吗? 因为这么一个小东西就让孩子难过不开心,我这个妈妈是不是有些糟糕?

第二个想法:见啥要啥,这样的毛病不能惯,而且约定好的就应该说话算数。原则就应该坚持。

不难看出,内疚心态让妈妈反复动摇原则,两个想法来回拉扯,她的情绪开始凌乱和烦躁。"妈妈在纠结""妈妈在动摇""妈妈有可能在下一刻改变主意"……这一切都让孩子的感受真真切切。此时的状态让孩子知道这件事显然是能商量的,也许自己再哭闹一会儿,再坚持一会儿,就能如愿以偿。于是,孩子和妈妈之间的情绪纠缠就开始了。

注意,孩子的感觉和他做出的反应并不是通过头脑思考得来的,完全是根据当时的情况,潜意识不由自主做出的反应。如果妈妈果真唠叨着批评一会儿,最后给他买了玩具,就用有力的事实证明了孩子的纠缠是有用的。

妈妈的内疚,让她丢掉了第一种力量:**平和的力量**。

妈妈对孩子最终的妥协,又丢掉了第二种力量:**坚持原则的力量**。

相信很多家长在生活中都遇到过类似场景。那么面对孩子的这种"死缠烂打"我们应该如何应对?

最重要的第一步是丢掉我们的"内疚之心"。

是的，作为父母，在面对孩子的时候，我们太容易感到内疚了。

打完孩子，我们内疚；骂完孩子，我们内疚；没有给孩子物质满足，我们也内疚；夫妻之间吵架，看到孩子就忍不住内疚……

内疚是一种后悔的力量，它会拖着我们，让我们前进不得，后退无力。当我们因为这些事情对孩子产生内疚心理的时候，就会发现：**我们的情绪常常是最容易失控的。**内疚很容易点燃我们的纠结和愤怒，紧接着要么是放弃原则，要么是情绪化地对待孩子。

面对这种内疚心理，我们要记得一句话："父母并不欠孩子的！"

心理治疗大师维吉尼亚·萨提亚曾经说过一句话：做一个情绪稳定的妈妈是给孩子最好的礼物。同时她还说，"父母都是爱孩子的，父母已经在当时的能力范围内做到了最好。"

面对父母，我们知道，他们已经给了我们两个礼物：一个叫"生命"，还有一个叫"人格"。这两个礼物都无比珍贵，哪怕只是得到了其中一个，我们都需要心怀感恩！

我们面对孩子时，依然如此，我们给了孩子生命，因此他才来到了这个世界；因为我们，孩子才有机会出现在这个世界上，否则抱怨、幸福、快乐、苦难……孩子都不可能体验到。当孩子来到世界，父母就已经送给了他名叫生命的礼物。我们还用心去养育他，虽然我们做得并不是那么完美，但这份用心本身就是最温暖的爱！

不仅如此，我们还不断学习、自我成长，提升孩子人生的起点，这些都是对孩子最好的馈赠。因此我们不必感到内疚。

在管理和教育孩子的过程中，我们要想让孩子更好地成长，就要放下"内疚之心"，抓住"平和"和"坚持"这两种力量。

我们需要怎样做呢？

第一步，停止内疚。

每当内疚开始产生，你就对自己说：**"我不欠我的孩子，我无须内疚。"我们一定要记得："在我的孩子表现不好的时候，他需要的是我的帮助，而不需要我的内疚。"**如果你怕到时候忘记了，可以把这两句话写到本子上，在管孩子的时候，尤其是情绪失控的时候，立刻拿出来看。

第二步，稳住自己的心，抓住平和的力量。

如果深呼吸可以帮助你稳住情绪，你就深呼吸。如果平时你很情绪化，也可以尝试"484 呼吸法"，也就是缓缓地用鼻子吸气，心中默数到 4：1-2-3-4，然后屏住呼吸默数到 8：1-2-3-4-5-6-7-8，之后用嘴呼气默数到 4：1-2-3-4。

你会发现经过这样的步骤，只需三次深呼吸，一分钟的时间你的情绪就会平稳许多。

第三步，问自己，你的原则底线到底是什么。

上文的案例，妈妈的原则底线是：玩具原本不是计划当中的。当妈妈把自己的原则弄清楚了，就如实对孩子说自己的决定并且坚持到底："不好意思，我的宝贝，妈妈没有给你买这个玩具的计划。"

至于孩子发脾气，这是他的权利。每个人没有得到自己想要的都会失望，都会不开心，孩子也是这样。我们只需要给孩子体验自己情绪的时间就够了，无须劝孩子，只需要给他时间。

父母如何利用这两种力量来解决问题呢？我们来看看下面这个案例。

案例 | 孩子写完作业后，不爱检查怎么办

上文中讲到在管教孩子的时候，我们经常把**两种最重要的力量给丢掉了**。一种是**平和的力量**，一种是**坚持原则的力量**。

来看这个例子：孩子写完作业了，需要检查作业，还要让家长签字。

根据我们之前讲的"责任归属"，这件事是谁的事？你会很清楚，需要一分为二来看：检查作业的部分，是孩子的事儿；家长签字，是家长的事儿。

但此时，孩子不乐意了，说："我都写完作业了，为什么还要我检查，我们好多同学都是家长给孩子检查再签字的。"

注意，从这里开始，事情有可能朝着两个方向发展。

一个方向是家长和孩子从现在开始较劲。妈妈生气了，说："这到底是谁的作业？是我的作业吗？干脆作业我都替你做完，你是不是更满意？"然后气哼哼地把本子一把抽过来，开始帮孩子检查了："这里错了，改！这里也错了，再改！"在这种做法中，因为家长觉得孩子太烦，所以对孩子态度很愤怒。因此导致**"平和的力量"丢了**。同时，妈妈又想早点检查完作业签字，就能早点结束这件事，因此在轻易妥协的情况下，**"坚持**

原则的力量"也给丢了。

要知道眼前的"小轻松、小利益"不可贪图。所谓眼前的"小轻松、小利益"就是我们急于结束这件事情的心态。这种心态让我们很容易变得烦躁不安,变得轻易妥协。要知道,这些"小轻松"很可能让我们失去长远的轻松。

我们要明白,在方向正确的前提下,**"眼前的费心,是将来的省心,眼前的省心,是永远的操心。"**

为了长远的轻松,我们需要怎样做?**首先,我们要稳住平和的力量,问自己一个问题:这是谁的事儿?** 如果答案是:**孩子的事儿**。我们就需要怎样做?

前面章节中已经讲过,孩子的事儿也是别人的事儿,我们需要的心态是:**理解加支持。**

而另一个方向是这样的。另一位妈妈在遇到相同场景时说:"宝贝儿,妈妈能感觉到,你努力写了将近两个小时,把作业写完了很想立刻休息,还要检查作业这让你很烦。"妈妈的理解能让安抚孩子的情绪。

下一个动作是支持,所谓支持就是给孩子方法或者给孩子能量,让孩子更有力量来面对自己的问题。 于是,妈妈开始邀请孩子一起来寻找能快速检查作业的方法。她说:"作业的确需要自己检查,不过孩子你知道吗? 检查作业的方法有很多种 有的花时间很多,检查得特别慢;有的就检查得特别快。我可以陪你一起来找一些能让检查作业变快的方法,还能陪你一起来尝试一下新方法。你需要我的陪伴吗?"

当妈妈这样说的时候，是在表达自己支持孩子的意愿。不管孩子需不需要，他都会感觉自己受到了支持。如果孩子继续纠缠，要让妈妈检查作业，妈妈也只需要强调自己能给的帮助是什么。这样孩子就会逐渐接受规则，明白自己的事情只能自己承担。

即便孩子是说："那就干脆不检查了。"妈妈也依然可以平和地说："如果你决定不检查作业，妈妈的决定是我先不给你签字了。因为作业没有检查，就说明句号还没有画上。妈妈尊重你的决定，但我不能给你签字。"之后，就算孩子生气，妈妈也不需要再说什么，于是妈妈平和地忙自己的事情去了。

很多父母尝试了这样的做法后发现，自己在平和地坚持原则的时候，孩子过一会儿反而能自己做出正确的决定。这位妈妈也是同样如此，在孩子生完气之后，自己检查了作业，妈妈也就顺利地签了字。

我帮大家再来理清一下思路：这位妈妈成功地让孩子接受了规则，有几个重要的行为。

第一个行为是**理解孩子**。和孩子站在一起，而不是和孩子对抗。

第二个行为是**支持孩子**。邀请孩子和自己一起寻找并且尝试更好的检查作业的方法。

第三个行为是**给孩子选择**。孩子可以决定检查，也可以决定不检查。

第四个行为是**坚定地坚持原则**。作业的最后一个环节是检查，孩子的作业没有做完，妈妈虽然不会训孩子，但妈妈可以坚持原则，不签字。

当妈妈用心地邀请孩子一起学习检查作业的好方法，然后陪着孩子练习时，就是用眼前的费心，换来将来的省心。哪怕今晚花费了更多时间，但是孩子却学习到了更好解决问题的方法，也培养了孩子更好的学习习惯。

最后，你可能会问，如果孩子不在乎妈妈签不签字怎么办？或者，自己悄悄模仿家长签字呢？答案是如果孩子出现了这样的行为，说明**孩子和家长的关系已经变得非常糟糕，学习动力也受到了很大的损伤**。同时还说明孩子的学习习惯也已经很差了。这时就需要把亲子关系修复好。因为只有和孩子关系好了，家长给孩子好心好意、好方法，他才愿意接受。

21

"内疚之心"究竟从何而来

　　内疚感太多是有害的。很容易让孩子变成讨好型的人格。同时,父母对孩子的内疚感太多也是有害的,这会让我们很容易放弃原则。那么问题来了,我们的"内疚之心"到底从何而来?

　　先看看孩子的内疚感从何而来?

　　有一个真相是很多家长忽略的,那就是每个孩子都是爱父母的,孩子对父母的爱甚至超过了父母对孩子的爱。还有一个真相是很多家长没有意识到的,是每个孩子都希望自己让爸爸妈妈满意。当孩子发现自己的行为违背了这个愿望,就会开始内疚。

　　也许我们认为一个孩子有内疚感,不是一个什么问题,这说明孩子知道他让爸爸妈妈不高兴了,说明孩子知道自己错了,这有什么问题呢? 因此你会发现,很多父母会在生活中有意无意地给孩子制造一定的内疚感，然后让孩子听话。因为孩子一旦产生内疚感，就会不由自主迎合家长。

但是，事实上，这种情况需要避免，因为孩子当时只是受到了内疚感的控制，而不是自己意识明确地做出的决定。

给大家举一个例子，就能看得比较明白了。

一位妈妈带着孩子去超市，孩子看到一个变形金刚，就缠着妈妈要买。

孩子："妈妈，我想要这个变形金刚。"

妈妈："家里都好几个了，怎么又要一个？"

孩子："这个不一样，我都没有这一个。"

妈妈："你不可能每个都有啊，咱们家很有钱吗？就算有钱也不能乱花啊！"

孩子："我不管，我就要买。"

妈妈："再不要闹了，妈妈赚钱那么辛苦，爸爸收入也不高，你还这么不懂事，让妈妈怎么办啊？"说着，妈妈开始难过起来了。

孩子一看妈妈难过，停止了吵闹，小声说："妈妈，我不要了，以后长大了，我赚多多的钱，给妈妈买好多好多东西。"

妈妈顿时被感动了，紧紧抱住孩子亲了亲他。

看到这里，很多人都会认为孩子很懂事。而当我们看清楚孩子的内心世界是怎样的，就会发现这根本不值得高兴。

首先仔细想想，妈妈为什么难过？是因为孩子要变形金刚吗？并非如此！妈妈之所以难过，是因为妈妈自己在生活当中有很多的委屈，当孩子要买变形金刚的时候，触发了妈妈对家庭的不满。

可是孩子却不明白这些，他会感觉是自己让妈妈难过了，是自己不懂事，是自己不好，所以他开始感觉到内疚，于是放弃了自己的欲望，开始照顾妈妈的情绪。**此时，孩子承受了原本自己不该承受，也承受不起的负担。**

在内疚感当中，孩子会在内心当中时而指责自己不好，时而指责大人不好，经常陷入一种纠结状态，很多能量都在内耗。

哪些话很容易引发孩子的内疚？

"只要你听话，爸爸妈妈辛苦一点都没关系。"

"只要你好好学习，爸爸妈妈再苦再累都愿意。"

"爸爸妈妈为什么现在这么累？还不是因为你！"

"你这么不懂事，爸爸妈妈这辈子都白活了。"

"你能不能让大人省心一些？你这个样子对得起谁？"

"我都不知道我每天辛辛苦苦为了啥，难道就是为了你这么对我？"

……

这些引发孩子内疚的话，只会让孩子越来越陷入纠结和

内耗 没有成长动力。孩子因为内疚而听话，因为内疚而学习，因为内疚而配合家长的管教……这从心理学来说叫做"内疚感控制"。

内疚感控制的结果就是孩子开始习惯性地讨好他人，去做一些违背自己意愿的事；或者孩子越来越抗拒这种内疚感，反而会和大人不断地较劲，来证明自己其实不是那么糟糕的一个人。

所以，不要轻易引发孩子的内疚感。**我们要让孩子学会为自己做事，而非为了讨好某人。**

当孩子内疚时，也许父母当时满意，事后往往也容易产生内疚感。比如刚才那位妈妈，她没有给孩子买变形金刚，在孩子的讨好中，她的内疚感会很容易被引发了，所以她很可能会找机会满足孩子。当孩子得到了东西以后会有什么结果呢？第一，孩子会感觉自己拥有了不应该拥有的东西，所以即便玩也玩得不会那么开心。第二，孩子会感觉家长的原则都是随心情变化的，上次只是不想买，所以孩子对家长的信任反而会下降，下次更容易和家长继续纠缠。

我们再看看内疚感从何而来？**答案是从爱当中来。**

孩子因为爱你才会对你内疚，你因为爱孩子才会对孩子内疚。但是，我们不要因为内疚让爱变得扭曲。要让孩子学会用正向的方式表达爱，而不是放弃做自己，用失去自我的方式来表达。同时也要明白，**只有放下内疚之心，我们才能给孩子一份更有能量、更有原则的爱！**

我们不要人为地给孩子制造内疚感，尤其是本不属于他的内疚感。即使孩子犯了错，也请单纯地面对这个问题，因为只有这样，才能让孩子成为独立自主、不受他人牵制的人，孩子才能真正健康成长。

常常被孩子牵着鼻子走的 米米妈妈

米米经常和妈妈较劲,而妈妈经常在较量当中输掉原则。

有一次,米米想在院子里多玩一会儿,妈妈说时间来不及了,需要立刻回家。但是米米不愿意走,妈妈一生气就说:"那你一个人在这玩吧,我走了。"米米听了妈妈的话就开始哭,妈妈一看她不听话,就更生气了,真的一转身就离开了。但是在她走出去几十米后,回头一看,原本以为在后面跟着的孩子竟然还在原地,一步都没有走。

无奈之下,妈妈只能重新返回。她来到米米身边一把扯着她的衣服就往回走。她心里很生气,感觉自己又被孩子牵着鼻子走了。所以一路上她都在说:"你现在长大了,妈妈走了,你竟然都不跟着来。有本事你就以后都照顾自己。你还哭?给我闭嘴,妈妈的时间都让你给耽误了,我要是迟到了,让领导骂了,你很高兴是不是?……"妈妈就这样拽着米米回到了家。

晚上米米来到妈妈身边说:"妈妈,对不起!"妈妈说:"知道自己错了?"米米点点头问:"妈妈,你让领导骂了吗?"妈妈没好气地回答:"骂了,这下你满意了?"米米过来搂着妈妈说:"妈妈,对不起!""下次听话不?""听话!""嗯,听话就是好孩子。"

可是类似这样的场景很多，经常都是孩子在事后很乖巧，可是在当时却总和自己唱反调，因此米米妈妈也很纳闷，孩子到底是什么心理？

在这件事情中，米米妈妈正在用错误的做法引发孩子的内疚之心，所以孩子感觉对不起妈妈，但是孩子却自始至终都没有学会如何管理自己的欲望。

米米妈妈是如何引发孩子的内疚之心呢？

是因为米米妈妈弄错了逻辑关系，如果她迟到了，最主要的原因是她和米米在较劲的时候把时间耽误了，而非米米的责任。其次，如果她迟到了，也说明是原本时间就安排得太紧张了，因此才会导致自己迟到。米米之所以会内疚，是因为妈妈让米米承担了原本不该由她承担的事情。米米会认为这都是自己的错。在这样的类似场景下，她的内疚感不断在累积。最后孩子只能承认自己不是一个让父母满意的孩子，除此之外，并不会有太多改变。

那米米妈妈应该怎么做？

第一，可以在时间安排紧张的时候，请求孩子的谅解，说明要立刻离开的原因。

第二，孩子不愿意离开，米米妈妈可以理解孩子的心情，同时约定好什么时间可以一起来玩。

第三，即便孩子哭闹，也可以不纠缠，拉着孩子的手，边走边进行解释，明确告诉孩子："妈妈能感觉到你很失望，同时妈妈没有安排好事情，这不怪你。你感觉难过，想哭一会儿是可以的。等妈妈回来了，我们一起再约个时间过来玩。"

这叫**"责权清晰"**。"责"就是责任，也就是父母的责任，绝不会让孩子当替罪羊。"权"是权利，也就是我们的权利是照顾好孩子，绝不能用"不爱你了""不要你了""爱去哪去哪"这样的舌来威胁孩子，和孩子较劲。

22

放下"内疚之心"，为孩子的人生搭建好三层"心理地基"

父母不是神，不可能完全满足孩子的各种要求，但是现实却让我们感到内疚。内疚感很容易让事情变得扭曲。比如，我们合情合理拒绝孩子的时候，会因为内疚之心找一大堆理由；当我们没有管理好情绪，对孩子暴躁发火之后，却会因为内疚之心而把责任最终推到孩子的身上。

根据美国心理学家大卫·R·霍金斯在关于各类情感能量等级的分析中，羞愧和内疚的能量级别最低。作为父母，如果受到了内疚感的伤害，孩子往往是会被连带伤害的。

因此，我们经常需要觉察自己是否又陷入了内疚，如果是就及时地告诉自己：我无需对孩子感到内疚，我需要做的是用心看看我的孩子真实的需要是什么。

面对一个十二岁以前的孩子，孩子往往需要的是父母通过有效的做法,给他搭建好人生的三层"心理地基"。

当家长发现,孩子做什么事都和大人别扭着劲儿,你说东,他偏要往西,你说这样,他偏要那样,总是跟你斗争、抗衡。这是因为孩子成长中的三层"心理地基"没有搭建好。

当我们发现,孩子唯唯诺诺,什么主意都没有,依赖性特别强;啥都要等着家长来给他解决……这也是孩子成长中的三层"心理地基"没有搭建好。

你可能非常好奇,孩子成长中的三层"心理地基"到底是什么? **这三层"心理地基"是安全感、掌控感、适应力。**一幢楼能够盖多高,取决于它的地基到底有多稳固。孩子的发展和成长也取决于他的"心理地基"。

先来看孩子成长中的第一层"心理地基":安全感

很多人都说自己没有安全感,也有很多父母说自己的孩子没有安全感。那到底什么是安全感? 简而言之三个字,就是"信任度"。

当你对外界的人、事、物很信任,你就很容易适应环境,感到很安心,和大家互动很好,总是能把自己的能量发挥出来,这就是安全感好的表现。反之,当我们对外界的人、事、物不放心,处处觉得危险,就经常会产生担忧和焦虑的情绪。

如一位妻子,如果她对自己的丈夫没有安全感,就会认为这个人可信度很低,总担心他会欺骗自己。一个孩子,如果对学校的环境没有安全感,就会感觉学校的人都不值得信任。这样孩子就很难发现上学的乐趣,很难融入集体。为孩子建立安全感最重要的人,就是父母。

当父母的情绪越稳定,和孩子的亲密程度越好,孩子对父母的信任度就会越高,这样孩子的第一层"心理地基"就越稳固。反之,当我们是一个情绪化的人,总是对孩子发脾气,或者经常在焦虑和担忧的状态和孩子在一起,孩子的安全感就会缺失。

孩子成长中的第二层"心理地基":掌控感

所谓掌控感就是"在我的世界中,我能说了算吗? 我可以不受他人控制和摆布吗? 我可以独立地做我自己吗?"这和自我掌控的感觉是需要从大量的生活经验中得到的。如果把本书前面的内容理解得非常透彻,你就知道让孩子尊重规则很重要,允许孩子有自己的想法也很重要。我们需要让孩子成长为"有规矩的、思想自由的人"。因为,当孩子坚持自己想法的时候,就是在提升对自己的掌控感。当孩子第一次提出和你不一样的想法,第一次说"不",第一次拒绝大人,他的掌控感就已经开始发展了。

孩子成长中的第三层"心理地基":适应力

所谓适应力,指的就是遇到挫折时,应对问题和自我调节的能力。当孩子面对挫折能调节好自己的情绪,也能轻松地面对各种问题,就是孩子适应力良好的表现。

一个刚刚进入小学的孩子,看到同学们都很陌生,老师似乎也很严厉,这时孩子虽然压力很大,但却能够调节自己的情绪，很快地适应，并且能鼓励自己交朋友，想办法让自己熟悉环境，这就是适应力良好的表现。

再比如，孩子和同学发生矛盾了，能迅速地适应当时的情况，不让事情变得更糟，甚至能很好地解决矛盾，也是适应力良好的表现。

你在陪伴孩子成长的过程中，搭建好孩子的这三层"心理地基"了吗？你孩子的安全感、掌控感和适应力都怎么样呢？

我们来看下面这三位妈妈，当孩子遇到了同样的情况，她们分别是怎样做的。

场景：孩子不好好写作业。

第一位妈妈因为总是担心孩子被老师骂，所以一直想保护好孩子。当孩子觉得作业太多了，开始闹脾气、哭的时候，妈妈开始帮着孩子写作业。这位妈妈在这样做的时候，对孩子的成长有什么影响呢？

她照顾了孩子心理地基的第一层：安全感。这会让孩子知道，不管有多大的困难，爸爸妈妈都会帮他。但是，妈妈却没有顾及孩子"掌控感"的发展，她没有注意到孩子需要用自己的力量掌控事情的发展。这样孩子就会一直依赖在妈妈温暖的怀抱里无法长大，变成一个永远长不大的宝宝，适应力的发展也会受到影响。

第二位妈妈认为孩子要独立，要自己好好学习才能行。所以不允许孩子脆弱，因此她对孩子说："作业再多也是你自己的事，这么娇气干什么？哭什么哭，闭嘴！"结果在妈妈的训斥下，孩子乖乖去写作业了。

在妈妈的愤怒下，孩子被逼无奈只能自己面对困难。这位妈妈顾及了地基的第二层，帮助孩子发展了"掌控感"，孩子开始用自己的力量主导事情的发展，孩子变得更独立了。但是她却破坏了孩子的安全感和孩子对她的亲密度，因此孩子对妈妈的信任减弱了，孩子对他人的信任度也会受到影响。如果孩子经常经历这样的场景，甚至有可能变得越来越心硬，无法理解他人的困境，变成一个没有同情心的人。

正面的示范是什么？看第三位妈妈怎么做。

这位妈妈第一步，先理解孩子的心情。她和孩子一起坐下来，听孩子边哭边抱怨作业很多，这期间妈妈充分地表示了理解和同情。等孩子情绪好一点之后，妈妈问孩子："听起来你说作业特别多，一共有几样？"

"一共有五样作业呢！"

"那我们一起来练习一个功夫，就是一次只想一件事。咱们把书包放到另一个房间，你打算做哪一样，你只把哪一样拿过来，其他的一会儿再说。"

一次只面对一样作业，巨大的负担被分解，孩子忽然感觉轻松了很多，就拿了一本作业过来开始写。

大家猜怎么样？万事开头难，一旦孩子开始写，作业就会越变越少，孩子也发现写完一样少一样，也更有信心了，很快作业也就全部写完了。妈妈和孩子一起击掌庆祝，庆祝孩子自己克服了困难。

这位妈妈的两个关键性动作：她用平稳的情绪照顾了孩子的安全感，又用合理引导和鼓励让孩子发现自己对这件事可以掌控。这样，孩子慢慢就适应了学习的节奏，不再感觉写作业很艰难了。

在这一件事情中，妈妈同时帮助孩子发展了"安全感""掌控感"和"适应力"，孩子成长起来了。

由上面的例子可见，孩子被迫面对压力或者家长帮孩子解决问题，都不能锻炼良好的适应力。

第五部分
管教孩子的 N 个有效方法

了解了自己,了解了孩子,分清了界限,在这个章节我们一起来实践 N 个管教孩子的有效方式。之所以是 N 个,是因为当我们掌握了教育的原则和大方向,都能在问题发生的当下,运用做父母的智慧,找到最适合自己孩子的管教方式。

23

任何选择，都会产生结果，管教孩子之前先让自己"醒来"

每个孩子在成长的过程中都或多或少会出现问题，需要改善。我们抱怨孩子的各种毛病和问题，对孩子的成长没有任何意义。从"破窗效应"来看，抱怨只会让事情越变越糟。

打骂、抱怨，只会让孩子离你越来越远。只有替孩子寻找方法来帮助他提升能力，孩子的心才会离你越来越近，他才会朝着积极健康的方向成长。人生往往就在于选择，所有的选择背后都会有相应的结果。

当我们选择耐心地教授孩子技能，孩子就会成长，我们就会省心；当我们选择简单粗暴的抱怨，烦恼就会继续，我们只会不断心累。很多时候，我们的选择不是来自清醒的决定，而是在潜意识中不知不觉地做出，这种下意识的决定往往来自原生家庭的影响。

有一位女士，她的家庭氛围非常严肃，她的父母非常严格，并且不苟言笑。她已经习惯了这样的生活状态，也逐渐如同她的父母一样，成为一个非常严肃、独立，做什么事都是一板一眼的人。

她当妈妈以后，她的孩子天生活泼，爱玩爱笑，很需要大人耐心温暖地对待。一板一眼的妈妈面对活泼好动的孩子，孩子的很多行为在她的眼里，不再是天真可爱，而是不可理喻。因此她对孩子的定义是：孩子是个不断惹麻烦的讨厌鬼。

孩子总想和她玩，她觉得孩子太粘人；孩子对什么都好奇，她觉得孩子太好动。她无法接纳孩子很多正常的表现。因此孩子被她贴上了"多动症"的标签，在她的养育下孩子越成长越糟糕。

作为母亲，她做得非常用心，但是她自己的成长经历造就了她，同时也注定了她教育孩子的方式难以逾越。

每个人的生活经验都是有限的，有限的生活经验让我们很难超越自己的经历，我们总是不由自主地选择自己熟悉的做法。但是当我们开始学习成长，就有机会超越自己原来的那个被框住的小世界，从熟悉的做法中跳出来，就有机会超越自己有限的生活经验，用更好的、对孩子更有利的方法帮助孩子成长。这个时候，你改变的不仅仅是你的一个孩子，而是整个家族命运发展的脉络。

所有的选择都有结果，结果的好坏要看我们的选择是在理性思考下还是在依习惯做出的。要清醒地做出选择，第一步就是让自己"醒来"。

案例 ‖ 天天迟到的阳阳

阳阳几乎每天早晨都会迟到,妈妈为这件事烦恼透了。因为每天她都会一大早就叫阳阳起床,孩子却一而再而三地磨蹭赖床,最后把她的耐心都消耗完了,才在她又吼又训中赶着出门。

妈妈不明白,为什么孩子起床这么费劲? 有一天,果果妈妈在学习中看到这句话"每个人的生活经验都是有限的,我们总是不由自主地使用我们熟悉的做法"。她忽然想起来自己小的时候,妈妈就是这样一次次地催促自己做这做那,每次她都是等妈妈催得不耐烦了,开始吼她了,才开始行动。现在的她和孩子,多像曾经的妈妈和童年的自己啊。

这个发现,让她终于"醒来"了,她开始重新看待阳阳迟到的问题。发现阳阳也和自己小时候一样,每次都是在等待大人发火,甚至是在依靠大人发火来掌握时间。

妈妈耐心催促的时候说明时间还多;

妈妈声调一高说明时间有些紧张;

妈妈一开始吼叫就说明时间到了,该行动了。

这个发现让她开始意识到阳阳从来没有学会掌握时间,而自己只是用熟悉的做法在延续妈妈曾经对待自己的方式而已。为了解决这个问题,妈妈给阳阳买了小闹钟,耐心地教他学会用闹钟来掌握时间;和孩子一起记录出门到学校的时间,让孩子明白堵车时需要多长时间到校,不堵车时需要多长时间到校;和孩子耐心地探讨如果不想迟到,应该如何做时间的规划。

在这些小举动之下,阳阳迟到的次数越来越少,也尝到了不迟到的甜头,逐渐成为一个有时间观念的孩子。

24

孩子为何不断和你抗衡和较劲

我们在管孩子的时候,常常遇到孩子和家长较劲儿。这时,大部分家长不明白孩子固执的真正原因。

有一位家长发现,孩子总是不听话,妈妈让她不要穿这件衣服,她就偏要穿;让她不要在马路牙子上走,她偏要走;叫她和家长一起去奶奶家吃饭,她偏不去!

有一次给孩子报了一个兴趣班,孩子竟然坚决不进教室上课,最后把妈妈气得在兴趣班的门口揍了孩子几下。这位妈妈不了解,从心理学的角度,孩子正在和她进行一场"谁说了算"的抗衡。

要知道每一个家庭都有权力范围。比如你和爱人之间,谁更能说了算,谁就更有权力。你和孩子之间,最后谁能引导事情发展,谁就更有权力。每个人都对权力有欲望,都想拥有更多权力,孩子也不例外。

很多父母看起来强硬得不得了，实际上拿孩子一点办法都没有。往往到最后，事情还是按照孩子的意思在进行。比如孩子不想学哪个兴趣班，我们强硬地给他报名了，但是最后孩子却用"软抵抗"来应付大人，最后大人不得不放弃自己的决定。事实证明，父母强迫不了孩子，他不想配合的，父母也无可奈何。

如果孩子过度和父母争夺话语权，总是牵着父母的鼻子走，这样的父母是无力的，孩子也往往在成长的过程中容易失去方向。

我们来看看孩子在和父母抗衡的时候，**孩子的真实心理状态：**

只有在自己说了算的时候，才能找到自己的价值。

"我凭什么不可以？""你凭什么强迫我？"

即使父母成功地压制了他们，这种胜利也是短暂的，天长日久，往往会赔上亲子关系。

从做父母的感受来说，在和孩子的抗衡当中，父母总是不由自主地想要制服孩子，想让他听话。**孩子不听话的时候，家长常常会感觉到做父母的权威荡然无存。**也会不由地产生一个想法：作为一个孩子，你凭什么不听话？

你看，孩子觉得"我凭什么听你的？"你觉得"你凭什么不听话？"

结果就在"凭什么""凭什么"的这种状态里没完没了地

斗争。

这场争夺没有赢家。即便有时候家长看似在抗衡中赢了，孩子没学到什么技能，也没提高什么能力，无非是感受到父母的强权而已。他会在下一次，有可能更有力地反击。

所以，我们需要有能力真正听见孩子的心声，只有这样才能避免这样无谓的抗衡。在孩子不断和我们抗衡的时候，孩子想表达的是：

"请给我一些选择！请让我自己做决定吧！"

孩子和大人一样，都本能地希望拥有权力，这是可以的，给孩子适度的权力也是让他更加独立的必经过程。所以，在孩子和大人之间进行权力抗衡的时候，有两个举动，我们是不能做的。

一个是孩子发起"战争"，我们也变得越来越强硬。这个举动不能做，这是在向孩子宣战。

另一个是妥协和让步。这个举动不能做，因为你反复的妥协，会让孩子对权力的欲望也越来越强烈。

我们只需要一个重要的动作就能改变事情的发展方向：**你需要用合理的方式退出你和孩子的战争，这样才有机会引导孩子成长**。父母最重要的举动是退出战争，怎样做才能退出亲子战争呢？从下面的案例中你就能找到答案。

案例 | 当孩子质疑"凭什么偏要听你的？"

当孩子和你的想法不一致,应该听大人的还是听孩子的? 你可能想:废话,那还用说,必须听大人的!

如果你这样想,孩子反而会和你不断较劲儿。前面我们讲了,这叫"权力之争"。而我们总迎合孩子,无疑也是一种失职和溺爱。因为孩子对很多事还没有分析辨别能力,一味由着孩子的性子,他的成长会迷失方向,大人也会让孩子牵着走。

怎么做,才能避免孩子较劲儿,并且能讲原则地发展孩子的独立性呢? 给大家一个很实用的心理学方法,这个方法叫做**"多种选择"**。所谓的多种选择,它基于多元思维,**是说同一件事情的解决方式可以是多种多样的。**只要不要卡在单一的思维状态中,允许这件事情有其他的解决方式,就很容易和孩子达成合作共赢。

来看看如何做到多种选择?

首先,要确定一个基本的心态:解决问题的心态。我们所有的做法,都是为了提高孩子解决问题的能力,所以允许其他做法的出现,只要能达到目的、符合原则,解决问题的途径是可以变通的。

"多种选择"落实方法的第一步:**你要和孩子一起进行思**

考,找到你们最容易发生冲突或者最容易相互较劲儿的一件事。比如:写作业前,孩子经常闹别扭,非要先看一会儿电视再开始写作业。

从家长角度来看,父母担心孩子一开始看电视就没完没了;对孩子来说,他们认为自己学习了一天了,就想看一会儿电视 凭什么不行? 当家长和孩子僵住的时候,应该听谁的? 如果你们经常容易因为这一类事情引发矛盾,就可以把这件事当成一个练习的对象。

第二步,把所有想到的解决方法全部都写出来。静下心来想一想,孩子表面上是想看电视,实际上他是想休息一会儿。孩子如果能有节制地休息十五分钟,二十分钟,你允许吗? 你可能会说:"这个我当然允许了。"因为孩子适度休息十五分钟、二十分钟并不过分。之后进一步思考,休息的方式是不是有很多种?

例如可以看电视,也可以玩手机,还可以看漫画书,也可以玩一会儿玩具,还可以做一会儿锻炼……还可以帮妈妈择择葱、剥剥蒜、做做饭,还可以趁这个时间,帮爸爸妈妈一人冲一杯蜂蜜水……也可以自己一个人坐在那边发一会儿呆、画一会儿画,听一会儿自己喜欢的歌曲,在房间里面唱一唱……解决"休息"问题,我们可以用各种的方式。并不是只有"看电视"这一种方式。

所以,这个阶段我们需要做三件事。第一,把产生冲突的问题找出来。第二,把能想到的解决方法全部都罗列出来。第

三，用各种好玩的方式把这些做法展现出来，以备使用。 比如，你们想到把全部的休息方式都写成一张一张的小纸条，把它折起来放到盒子里，每天放学回来，孩子抓个阄，抓到哪种休息方式，就用哪个休息方式。抓到帮妈妈去择葱、剥蒜、做饭，就做这个；抓到的是玩手机，这时候就得把手机给孩子……这样，每天的休息方式都不一样，担心"孩子只会看电视"的问题就不存在了。

还可以把"各种选择"做成很多张"心愿清单"，然后装到一个大红包里边，孩子抽到的是什么，就按照心愿清单上写的做；还可以将所有的解决方案制作成一个转盘，转到哪个就是哪个；当然也可以换成扔飞镖，扔中哪个就是哪个；还可以把它当成大富翁棋一样，每一站都是一个选择，扔骰子扔了几，就走几步，走到哪个解决方案就照做。**解决方案是多种多样的，选择展现的方式也是多种多样的。**

当你跟孩子打开思维，把共同能接受的解决问题的方式全部都找出来，然后用有趣的方式展现出来，你就不需要为听孩子的还是听大人的而纠结了。这时候的答案是听家庭规则的，每个人都需要为家庭规则负责，这样就避免了孩子跟家长进行权力之争。

25

孩子为何叛逆, 为何伤害父母

孩子逆反心理重? 是我们没有听见孩子的心声。如果我们听懂了,管教孩子就抓住了方向。

一个不断和父母抗衡,你说东他偏往西,和父母争夺权力的孩子,其实他正在用这些恼人的行为在跟父母说:**"请给我选择吧,请给我界限吧,请让我自己做决定!"**

如果父母能够听懂这句话,给孩子适度的权力范围,问题就开始变得简单。

只要和孩子之间爆发战争,我们就输掉了和孩子的亲子关系,也输掉了做父母的尊严和智慧,更输掉了孩子对我们的信任。而孩子在不断和父母的抗争过程中,他也输掉了对父母的尊重,甚至会经常怀疑自己是不是一个值得被爱的孩子。

在抗衡当中,孩子为了权力,无法看清一件事情的是非曲直。有时候孩子的一些行为，似乎就是想伤父母的心，有的孩子会说出很多让家长难以置信的话。这时候作为父母，我们可能无法理解孩子为什么会有这样的行为。

我们无法理解孩子为何从那个乖巧可爱的小宝宝变成了今天"白眼狼"的模样，也无法理解这么多年对他掏心掏肺，他为何毫无感恩之心？

如果去深挖，你就会发现，我们往往只记得自己对孩子的种种付出，却常常忘记也曾对孩子一次次地打击。如果孩子在今天不断伤我们的心，这只能说明在过去的我们也经常在让他受伤。当他顶嘴时，当他说狠话时，当他做出让我们伤心的举动时，很可能是想让自己好受一些而已，他不过是一个受伤的孩子。

要知道，没有孩子真的想伤害父母。他从一开始用各种负面行为想让你看到他的存在，获得你的爱。但是，父母没有听懂他的心声，也没有引领他回到正轨，而是变本加厉地指责他的毛病。孩子才会进入和父母不断抗衡和较劲的过程里。在这个抗衡的过程中，父母依然没有听懂他的心声，他们不知道原来孩子想要的就是自己的接纳，想要的是在家庭中的价值感！我们非但没有给他家庭的归属感和价值感，反而更加挑剔他，亲子战争就会频发。

在这种情况下，孩子就会进入报复。

进入报复的这个阶段，孩子已经产生了一个错误认知：他认为父母的很多行为就是专门为了让他不好受，为了对付他。

确实，很多时候父母就是明明白白地想要让他不好受才说某些话，做某些事，作为他不听话的惩罚。我们为什么会这么做？难道真的就是为了孩子好？

要知道人的大脑结构有三层，最内核的一部分叫做本能脑，负责很多生理本能，本能脑在受到攻击的时候会呈现"攻击状态"或者"冰冻状态"；本能脑的外一层是情绪脑，情绪脑负责的是情绪和记忆；最外一层是理智脑，负责逻辑推理或者思考解决问题。当我们生气和愤怒的时候，情绪脑和本能脑就会加速运转，理智脑关闭。这时候父母的攻击性是出自本能的，他们特别想让孩子吃点苦头。这个苦头，不是孩子本身做事带来的自然后果，而是父母附加上去为了宣泄他们自己的情绪。如，愤怒地咒骂，说出难听的话。又或者咬牙切齿地打孩子，如果孩子不服软，就越打越狠。这些举动的本意已经早已不是为了帮孩子改正自己了，而是父母自己的情绪失控的一种表现。这是特别可怕的一件事情。

当父母心里想让孩子知道他们厉害的时候，想要给孩子一点颜色看的时候，想要把孩子治服的时候，想要让孩子尝点苦头的时候……**意味着他们在报复孩子。**

在他们报复孩子的过程中，愤怒的情绪也会带动孩子，关闭他的理智脑，加速运转情绪脑和本能脑，这时孩子就会呈现两种情况：一种是孩子会越来越呆滞，屏蔽了父母的信息，所以你会发现有时候父母非常愤怒地训斥孩子的时候，孩子却呆若木鸡，反应变得特别慢；另一种情况是孩子越来越具有攻击性，他会对父母说话越来越大声，甚至做出一些让大人难以置信的、受伤的、难过的行为。

举一个例子。有一位妈妈听到孩子撒谎,就特别生气地训斥孩子。她越训斥孩子,孩子越用狠狠的眼光瞪她。妈妈明显感觉到了孩子在挑衅,心里立刻感觉不舒服:我还管不了你了。

注意,当妈妈这个想法产生的时候,已经想要开始制服孩子了。报复从这里已经开始了。妈妈的火气一上头,就推了孩子一下:"让你再瞪我。"

妈妈的举动更加激怒了孩子,孩子也开始怒吼:"你凭什么打我,你不是我妈妈,你是世界上最坏的女人!"

妈妈一下子伤心透顶了,上去又推了孩子几下。亲子之间的报复开始升级了。

最后妈妈说:"你永远都不许叫我妈。我再管你,我就不是人!"

孩子也说:"我不用你管!"

之后的时间里,孩子和妈妈一直冷战,谁都不理谁。一旦说话,两个人就又开始怒吼。这时候母子之间已经进入到互相报复的恶性循环了。

那么孩子为什么会这样做呢?他的心声是什么呢?他的目的是通过这些负面行为,想让父母能够看见他的状态。他正在用负面行为不断重复说着一句话,那就是:**"我受伤了,请在乎我的感觉。"**

如果大人和孩子同时受伤了，谁更有义务改变这件事情的方向？谁更有义务停止报复？当然是父母！因为他们是带孩子来到这个世界的人，这是他们的责任和义务！

案例 | 我不好受，你也别想好过！

小宇作业没有做完就想玩电脑，妈妈生气地批评了他，然后坚持原则，没有让他玩。没想到过了一会儿，小宇妈妈在厕所的马桶里发现了自己的手机充电线，她非常愤怒质问孩子："为什么要这样做？"孩子说："你不让我玩，你也不要玩！"妈妈一气之下打了小宇，之后妈妈也很后悔，又苦口婆心地讲了很多道理，让小宇要以学习为重，要理解大人的苦心。小宇却一脸无所谓。类似的情况不是第一次了。

为什么父母费尽口舌，孩子就是改不了？小宇正在**寻求报复**。当孩子用各种各样的行为，开始报复家长时，家长如何停止孩子这种行为，让他向着好的方向发展呢？

首先我们需要看清，一个孩子开始有报复心理，最根本的原因有三个。

第一个原因，父母在孩子的身上过多地宣泄情绪了。当孩子不符合我们的期待，我们是否理所当然地对他宣泄不满和愤怒？是否无法接纳孩子真实状态，而更看重我们自己的要求？如果是这样，我们就会经常对孩子不满意。

小宇的妈妈就是这样。当小宇写字的能力还发展得不够好时，妈妈看他写字经常失去耐心。为什么？因为小宇妈妈心里有自己的要求和标准。执意认为自己在盯着小宇写的时候，他写的那几行字很整齐，所有的字都写成那个样子，才说明他认真写作业了。

当她看到小宇写了几行字以后越写越凌乱，就很生气心想：为什么我盯着你的时候你能写整齐，我不看的时候你就写得这么乱？为什么这么不认真？好，你给我写一百遍，我看你长不长记性！当这样的情景出现的时候，小宇妈妈已经不是单纯在教小宇，而是在拿他发泄自己愤怒的情绪。

我们要知道，**孩子局部的能力，不能代表他普遍性的能力**。这句话在这里的意思是，妈妈盯着小宇的时候，他写的那几行字是在压力状态下超常发挥的，他还没有能力把每一行字都写成那样。如果对他提出把所有字都写一样整齐的要求是过分的。如果小宇当真每一行都写成压力状态下的样子，很快就会对学习厌倦，会感觉自己难以负担。

导致孩子报复的第二个原因，是父母过分地压制孩子在家庭当中的权力。

小宇妈妈觉得，作为一个小孩，在这个家里就应该服从安排。

"写作业，让你写你就写，哪那么多理由？"

"家庭聚会，让你去你就去，哪那么多借口？"

"大人训话，让你乖乖听着你就乖乖听着，哪那么多想法？"

"作为一个小孩，你还这不愿意那不愿意，不愿意就等着我收拾你！"

......

当我们有这些想法的时候，就会过分压制孩子在家庭当中的权力。这让孩子感觉他在这个家里没有任何地位可言，就会特别受伤。

孩子寻求报复的第三个原因，是父母的忽略。

小宇的父母特别忙，但无论大人有多忙，孩子还是需要从父母这里得到归属感和价值感。如果让孩子感觉到，不管他表现怎样，好也罢，不好也罢，爸爸妈妈都只会忙自己的事，没时间顾他，孩子就很容易进入到寻求报复的状态里。因此，大人喜欢的事情，孩子都不去做，还会用一些难听的话怼父母，让父母难受。处处和父母对着干，无非是孩子想要寻求家长的关注。

那么，小宇妈妈应该如何来调整心态帮助小宇改变行为呢？我们一起来看看。

26

如何消除孩子的报复心

面对孩子的报复行为时，有一些回应方式绝对不能有，哪些不恰当的回应方式呢？

一个是还击，即你报复我，我就收拾你，你变本加厉，我也变本加厉。

有一位妈妈，孩子不爱写作业，妈妈把他训了半天，他还杠在那里，不行动。结果妈妈一生气，说："你不是不爱学习吗？好，你永远都不许学习！我这会儿把你的本子、书全给你扔出云，我看你怎么办?!"妈妈在怒火中开始报复孩子了。

让她没想到的是，孩子也开始对她进行报复了。孩子开始天云不学习，不写作业，每天就背一个空书包去上学。

接下来，家长愤怒至极的时候，做出一个极端的动作：你不上学，是吧？我索性把你的书全部扔掉（妈妈只是把书本都藏起奔了，目的是让孩子感觉到害怕）。面对这种情况，孩子仍然无动于衷：没有书本刚好，反正我也不看。盛怒之下妈妈把一些本子撕碎扔到马桶里冲掉了。

当父母这样变本加厉、以暴制暴，和孩子相互之间没完没了地进行报复的时候，亲子关系的裂痕已经很大了。**在这个世界上，所有的关系都是需要经营的，包括亲子关系**。亲子关系一旦破裂，想要修复，非常艰难。再难，我们也要修复。

修复亲子关系的第一个方法，叫做**放空**。

第一步，觉察。孩子报复我们的时候，说狠话也罢，做一些让人伤心的行为也罢，我们要能意识到孩子的负面行为会很容易激发我们的情绪脑和本能脑。当我们不自知的时候，就忍不住对孩子又吼又叫，甚至抓狂、哭闹。所以，在情绪脑和本能脑启动之前，我们就要有能力觉察：**哦，我的孩子在报复我，其实他在对我说，他受伤了，让我在乎他的感觉。**

如果你平时也容易情绪化，此时此刻就应该对自己说："我发现我已经开始生气了，这种情况在挑战我的情绪管理能力，在我的情绪升温的时候，我根本不适合跟孩子进行任何的对话，我应该去照顾我自己。"

比如前面的案例，当妈妈发现孩子不写作业，自己在训斥、吼叫、没收书本等等行为之后，孩子不但没有调整行为，反而变本加厉地和妈妈对抗，做一些让妈妈难过的事儿。妈妈就应该有所觉察了。

觉察一："我现在情绪非常愤怒，此时我没有能量教育孩子，如果强行进行教育，只会带来更多伤害。所以我要给自己一点时间调整自己。"

觉察二："我的孩子在报复我,他真正地想对我说的是'他受伤了,他想让我在乎他的感觉。'我爱他,我不想让他受伤,更不想让我们之间的关系受伤。"

第二步,重复一句很重要的话,来改变自己的思维方向。

"我相信我和我的孩子可以从错误当中学习。"这句话你一定要多重复几遍。如果你当时想不起来,你可以现在就写在本子上,到时候赶紧翻一翻本子,照着这句话念。当你重复这句话几遍以后,你会发现自己的情绪开始降级了。此时你就静下心来思考,**孩子在这件事情里面可以学到什么?**

还是刚才的案例,妈妈和孩子一开始发生矛盾是因为孩子不写作业,在一系列的错误操作之后,导致妈妈和孩子的关系持续变糟。在修复亲子关系的时候,妈妈就可以多次在内心重复这句话:"我相信我和我的孩子可以从错误当中学习。"

当妈妈反复在内心中重复这句话,会发现自己的思维方向开始转变,情绪也会逐渐平和。接着,妈妈可以自问自答,思考她和孩子在这件事当中学到了什么?是否学会了在处理问题之前首先应该关注对方的心情?是否学会了同一句话换一种方式表达,对方就更容易接受?是否学会了纠结事情的对错没有意义,心平气和解决问题才是关键?

第三步,引导自己,让自己回到一个良好的状态当中来。

可以回想一下孩子小时候,他的一些可爱举动、幼稚的语言,这些都会让你重新找到那些温暖的感觉。当你跟孩子之间已经产生了严重的裂痕时,你也可以在书桌上,电脑屏幕上,或者在一些显眼的地方放上孩子小时候的照片。当你拿出这些照片,看到你的宝贝曾经是那么可爱,他在你的怀里对你那么依恋,那个时候你有多么地爱他,你对他多么地有耐心,孩子有多么地爱你……你会发现,你再一次重新看到孩子的时候,你的眼神就能重新充满爱意。这份爱意是修复你和孩子关系最重要的条件。当你把爱孩子的状态找回来了,才有能力苛孩子一起更好地解决问题。

案例 小宇重新开始爱妈妈了

小宇的妈妈终于意识到了孩子为何报复自己,她决定要扭转事情的发展方向。这既是为了孩子,也是为了自己。

小宇妈妈开始寻找和小宇在一起的那些温情时刻。在寻找的过程中,她发现自己已经很久没有这些感觉了。小宇还小的时候,她对小宇的爱经常都要满溢出来了,总是忍不住亲亲他,抱抱他。每天再累,只要看到他,就会不由地展露笑脸。可不知何时开始,她已经变成了看到小宇就满心烦躁,不停地抱怨。她变成了一个对孩子没有爱意的母亲。

小宇妈妈把一些小宇小时候的照片找出来,放在手机里,电脑中,书桌上,随时提醒自己,自己如果想让孩子越来越好,就要给孩子带来好感觉。她开始更多地倾听小宇的想法,哪怕小宇在抱怨自己;她开始更多地理解小宇的心情,哪怕小宇的观点她不能完全认同;她更多地与小宇聊学习以外的话题,哪怕孩子有时候就是在应付她;她给小宇更多选择的权力,让他有机会为自己的事情做主……

经过这些调整,小宇的脸上逐渐有了笑容,和妈妈的话也越来越多,有一次他在作文中写道:我曾经一度"讨厌"我的妈妈,但是现在我又重新开始爱她,因为那个爱我的妈妈"回来"了! 其实我从来没有真的讨厌过我的妈妈,我只是忘记了她爱我的时候是什么样子了。

27

孩子为何会能量枯竭

  有一位 12 岁孩子的家长说,他已经对自己的孩子实在是没有任何办法了。他很纠结,是不是需要放弃孩子。

  他说,孩子在学习、生活的各个方面,都是一种无所谓的状态。不管家长打他、骂他,还是拉着他去找老师,或者取消他在家庭中享有的任何权利,孩子都无动于衷,始终没有任何改变,就是一副"能混一天是一天"的状态。天天迟到,上课睡觉回家不学习,大人说什么都是"嗯""啊""噢"就这三个字。父母觉得孩子太让人头疼了,一次次怀疑这个孩子可能已经没救了。

  当进一步地去了解以后,就会发现这个 12 岁的孩子,已经处于心灵能量枯竭的状态。

  每个人都需要有内在能量才能展示出一种良好的精神面貌。当一个孩子能量十足的时候,他的成长动力也是十足的。

反之 当孩子内在能量匮乏,甚至枯竭,孩子就会呈现一种疲沓的状态,没有一点活力。

这是一个对父母已经失望了的孩子,当他们感觉到非常沮丧的时,孩子会觉得已经不可能再成为父母理想中的好孩子了;他认为无论他怎么努力,爸爸妈妈永远都不会满意,也不会接纳他;孩子的价值感和归属感这两大心理需求始终得不到满足。在很多的指责和否定中,他的能量已经消耗殆尽了。于是,孩子就会彻底地放弃成长,破罐破摔。

此时孩子的自我评价非常低,他会放弃一切建设性的尝试。也会经常说:"我也没有办法,我就是这样呀,改不了。"

孩子的心灵就如同一颗种子置身于一片荒漠一样。我们来想象一下,一颗种子,如果把它放在富饶的土壤里,它会怎样地成长? 它可能会吸取土壤中的养分,茁壮地成长。但是,如果现在我们把这颗种子扔到贫瘠的沙漠里,没有水,更没有养分,我们还期待它长出好的果实,可能吗?

为什么孩子变得这么不争气? 原因恰恰就是他的根没有获得任何的营养。而营养又恰恰就是来自父母给他的心灵能量。可悲的是,前面的家长没有这个意识。

这位家长可以问问自己:有多长时间没有给孩子展露过笑容了? 又有多久没有对孩子表达对他的满意、欣赏了? 如果让孩子感觉到在生活当中,他没有一点的地方是让父母满意的,孩子的内心是非常绝望的。

面对孩子的这种状态,首当其冲要给孩子补充爱的能量。

然而，有的家长说：对他好也没用，他还是老样子！想一想，如果你给沙漠里的一颗小种子浇了一壶水，这个种子会不会立刻发芽？显然不可能。那天天给它浇，有没有可能发芽？当你重复到一定量以后，种子能够汲取到营养和水分后，就有可能开始生根发芽。

当孩子心灵能量匮乏，我们需要很长时间不断给他爱的能量，帮助他去修复，他才有可能恢复成长的动力。

如何帮孩子恢复成长的动力？**首先，要先听到孩子的心声**。

当一个孩子不断地**寻求关注**时，他是想用各种各样的负面行为对你说：**"看见我吧，让我觉得我有用。"**

当一个孩子跟你**较劲抗衡争夺权利**时，他用各种各样的捣蛋行为正在跟你说：**"给我界限，让我自己做决定！"**

当一个孩子在**报复**你，让你受伤，他正在对你说的话是：**"我受伤了，请在乎我的感觉。"**

当一个孩子在**自暴自弃**的时候，他正在对你说的话是：**"不要放弃我，让我看到我还有希望！"**

……

听到他们的心声之后，需帮助他们，让他们经常看到自己小小的进步时，你会发现，孩子人生的希望被你重新点燃了。

事实上，孩子一直都在进步，只不过很多进步在父母眼中不值一提，或者是根本没有被发现。如同孩子长个子是在不知不觉当中发生的一样,孩子能力的提升也是在不知不觉当中变化的。"智慧父母"和"糟糕父母"的差别往往就在"觉察能力"的高低当中体现。智慧的父母总有一双"火眼金睛",他们能看到孩子小小的变化,甚至有能力让孩子发现自己的变化,因此孩子越来越自信;而糟糕的父母总是觉得孩子一成不变,总犯"老毛病"。

量子力学当中有一个非常经典的"双缝干涉实验",实验证明:当实验者没有对电子观察之前,电子处于一种**未知状态,**但当实验中出现了"观察者","观察意识"参与其中时,电子的**状态立刻确定**。通俗地说就是"观察者决定被观察者"。这和教育孩子非常相像。

每一个孩子原本都是拥有无数可能性,孩子进入一个家庭时,他处于一种未知状态。此时,家长观察孩子的角度和眼光至关重要,这决定了孩子的成长和变化方向。当我们总是用烦躁的心态去定义孩子,用负面的眼光去观察孩子,孩子的成长方向会被不知不觉拉偏了。

解铃还须系铃人,熄灭孩子希望的是我们,重新点燃也只能是我们。

案例　东东学习为何如此吃力

　　东东妈妈发现东东学习不是一般的吃力。补习班没少上，可是不会的还是不会，成绩一直在班上倒数。东东妈妈开始心想：也许东东就不是一块学习的料，如果是这样，自己是不是也只能接受现实？焦虑的东东妈妈带着东东去医院检查了智商水平，结果发现孩子没有问题。东东妈妈更加焦虑了：为什么东东学习这么吃力？

　　从心理学上来看，如果孩子智商正常，也没有"学习障碍"方面的问题，孩子这样的表现，很有可能是他正在自暴自弃。一个自暴自弃的孩子是非常让家长心痛的。此时，孩子会在某方面放弃所有的努力，他的表现看起来是想让家长都放弃他，不要对他抱有希望，让家长接受一个现实"他改变不了"。

　　面对孩子这样的状态，如何才能将他拉回原有的成长轨迹，避免把他越推越远？父母面对孩子这种自暴自弃的行为，最不恰当的回应方式有三种。

　　第一种错误方式，是真的开始放弃孩子，或者是口头上常常挂着想要放弃的想法。

　　比如："我再也不管你了，你爱去哪里就去哪里，我没有你这个小孩，你再也不要叫我'妈妈'，我一分钟都不想再看见你了……"

　　或者是："我教不了你，谁有本事教你就让谁去教。我看你就是不想学习,你自己都不想学我有什么办法? 我该做的都做了,我已经对得起你了……"

这样的话等于是给自暴自弃的孩子雪上加霜。如果真的想帮孩子,这些话不能说的。

第二种错误方式,是没完没了的指责和打压。

自暴自弃的孩子,此时此刻就犹如心灵正在发着高烧。父母指责他、不给他好脸色,都只会让他们更难受,让问题变严重。面对他们,父母首先做的就要是停止所有的指责。

即使父母的心里有再多的不开心,再多的失望,甚至无力和绝望,也不要把这些负面情绪发泄在自己的孩子身上,因为孩子不应该也没有办法承受这些。

第三种错误方式是哭闹,引发孩子内疚。

很多家长在孩子自暴自弃的时候,对孩子又是哭诉,又是抱怨,历数自己的不容易和对孩子的失望。通过这些来改变孩子,几乎是不可能的,这些都只会加重问题。

如果我们的孩子已经全面的,或者在某方面开始自暴自弃了,如何来面对? 看看下面的方法。

我们要拿起最重要、最基本的一个心理学工具——善意的语言。这是传递安全感的前提。

善意的语言就是考虑和尊重对方感受的语言。如果我们说话的时候,只考虑自己想说的,而不顾及孩子是否理解,也不顾及孩子的心理感受好不好,那么这样的语言就是暴力的,非善意的。

一个已经开始自暴自弃的孩子，一定是已经接收到了很多非善意的语言。东东妈妈一开始完全否认这点。她认为自己根本没有恶意对待过东东，即便有也仅仅是正常的批评而已，最多就是情绪烦躁一些，东东为什么会变得自暴自弃？

后来，东东妈妈录制一些她和孩子对话，在回听录音的时候，她才从一个又一个的生活场景中发现，自己对东东的暴力。她发现自己经常在长篇大论给孩子讲道理，而且所说的话一直在指责东东不争气、让她如此失望。听起来是苦口婆心，真的换位思考一下，那些语言无非是在说东东辜负了自己的付出。有一次，东东一个生字反复几次没记住，她把孩子从以前数落到现在，整整半个小时的谈话，根本没有教东东如何记忆生字，完全是在表达对东东的失望。

东东妈妈终于意识到，她几乎没有帮助过孩子，她在对东东宣泄自己对生活的不满。她发现自己才是东东学习当中最大的绊脚石，自己的负面情绪浪费了东东大量的时间，让孩子对学习的挫败感越来越强，东东也越来越确信自己就是一个一无是处的"笨小孩"了。

而疗愈孩子，就要用善意的语言。**第一步，使用肯定性的句式，帮助孩子发现自己的进步。**

比如，孩子昨天写作业用了一小时四十分钟时间，今天用了一小时三十分钟。如果没有记录，这样小的变化可能他自己都没有发现，而父母只是做了一个小小的动作，就是留意了一下孩子写作业的开始时间和结束时间。

然后父母套用这个句式：

我看到 / 我听到 / 我感觉到…… + 孩子的正面行为 + 我们的感受

这个公式能帮助孩子发现自己的变化，恢复自信心。

可以这样说："宝贝，妈妈看到，你昨天写作业用了一小时四十分钟，今天只用了一小时三十分钟，你变快了十分钟，我好开心！"

再比如："宝贝，爸爸看到你昨天背一个单词需要十分钟，今天却只需要九分钟就记住了，你记忆得越来越快了，这让我有点兴奋啊。"

在生活的各个方面，去应用肯定性的句式帮助孩子看到自己不易觉察的那些小小的进步，这是修复孩子自暴自弃的第一个动作。

第二步，停止一切责怪、训斥和不满意的语言。

如果你真的忍不住，又习惯性地想训斥孩子的时候，就告诉自己："我的训斥只会降低孩子的心灵能量，对他不会有任何实质的帮助。"然后，打开窗让自己透透气，或者到另一个房间让自己喝一杯水恢复平静，在有能力帮孩子的时候，再重新回来。

28

爱的接触可以提升孩子的心灵动力

有效修复心灵动力的还有一个工具,就是**爱的接触。**

我们通常会发现,当对孩子非常失望的时候,就特别想跟孩子保持身体上的距离。原来看见孩子就忍不住想拥抱他、亲吻他的那种感觉渐渐消失,取而代之的是因失望变得紧锁的眉头和满脸的恼怒。

爱的接触怎么做?

第一步最重要,是我们的发心,同时要记住一个至关重要的词汇:爱意。这原本是无需强调我们就会有的状态,但是我们发现随着孩子的长大,越来越多的家长对孩子的爱意逐渐消失了。

所谓"爱意"就是我们心中因孩子产生的一种温暖的、充实的、幸福的情感。当我们带着爱意去抚摸孩子的脸,去拉孩子的手,孩子会充分感受到我们对他的接纳和喜欢。即便现在很多的事情他做得非常糟糕,但他发现这根本不影响父母对于他的爱,就会有发自内心的安全感。

哪怕他写作业没有写好,考试考得很糟,或者犯了很多错,我们如果依然愿意拉着孩子的手看着他的眼睛,告诉他:**"嗯,没什么大不了的,让我们一起看看如何改进!"** 当你这样做的时候,你会发现,孩子越来越喜欢和你一起面对问题,而不是想要回避问题。

当我们教孩子写作业,哪怕教了一百遍他都学不会,这时候我们不妨让孩子放下笔、然后把他的手拉起来,把他拉近我们的身边说:"来,站到妈妈这里,我们一起来看。"孩子就不会担心,因为你们一起去面对。

当我们带着爱意去跟孩子互动的时候,你会发现到再难的问题他都能够解决。孩子对自己的信心也逐渐确立起来了。因为他的爸爸妈妈一直在发现他小小的进步,一直与他一起面对困难。

爱的接触,有两个重要的细节。

第一个是要用正面的角度去产生接触。 比如,正面地拉着孩子的手,正面地看着孩子的眼睛,正面地去摸摸孩子的头,正面地去拥抱孩子。所有的正面角度都在表示一个态度,就是你很认真地注意他,你非常爱他,你是专注于他的。

第二个是不带任何企图心地用肢体语言传递爱意。

单纯地和孩子待在一起,拉着他的手,舒服地、安静地享受时光,即便你在玩手机,孩子在看电视。这种亲人之间没有任何敌意和焦虑的安心时刻,足以疗愈心灵能量贫瘠的孩子。当孩子内心开始拥有能量,孩子和父母的对抗行为就会越来越少,好的行为就会越来越多。

案例 | 如何释放孩子的"情绪小怪兽"

有一位妈妈说，孩子特别爱乱发脾气，稍微一不顺心就大喊大叫，在学校里也是动不动就推人、操人、打人。每次事后大人问他发生了什么事情？他都说就是生气了而已。妈妈为了教育孩子，经常狠狠地打他，让他记住在学校里不能打人、骂人，不能惹是生非。这些做法不仅毫无用处，她和孩子的关系越来越差。

还有一位妈妈，经常因为写作业的事和孩子起冲突。有一次，妈妈本来打算孩子写完作业以后带他出去玩。结果在检查作业时，因为一道题孩子反复做不对，就开始吼他。孩子被吼之后，没有反省还顶嘴。气得她直接把孩子的作业本甩开，愤怒之下还打了孩子。听见孩子撕心裂肺的哭声，她的理智才回归，心里特别后悔。

这两个案例中，父母和孩子都存在同一个问题，即情绪管理能力太弱，导致冲突不断。人的负面情绪有时候就像怪兽一样，如果我们把这头怪兽憋在心里，会把自己憋出病。但是如果随便把怪兽放出来，又会伤及他人。

该怎样解决这个问题呢？给大家一个管理孩子情绪的好方法——情绪选择轮，它会帮助孩子用更好的方式释放"情绪小怪兽"，同时，也会帮助家长释放自己的负面情绪。

在介绍**情绪选择轮**的时候，我们首先就要认识关于情绪的三个真相：

第一个真相：情绪是没有对错、没有好坏的。我们每个人都有权利生气，有权利伤心，也有权利开心。

第二个真相：面对情绪我们可以有很多的表达方式，情绪宣泄途径并不是只有唯一的。

第三个真相：有了情绪并不可怕，情绪的释放是可以自控和选择的。

下面的练习，我们和孩子一起来做做。

请思考：快乐可以用多少种方式释放？

答案：可以哈哈大笑，笑得前俯后仰；可以微笑，露出八颗牙齿；可以开心地唱歌；可以开心地画画；可以开心地跳舞；可以开心的拥抱妈妈……这些都是开心的表达。

请思考：生气可以有多少种表达？

答案：可以骂人，找人撒气；可以愤怒地大吼大叫；可以打人；还可以愤怒地跺脚；可以做运动让自己出一身汗；还可以大声地唱歌，把愤怒都唱出来；还可以使劲地打击枕头……这些都是表达愤怒的方式，有的是积极的表达，有的是消极的表达。而选择哪种方式来宣泄情绪，最终做主的人是我们自己。要记得"我是有选择的"。

当我们帮助孩子发现了这些情绪真相之后，可以跟孩子一起做一个情绪选择轮的小卡片，这样会帮助孩子把情绪的表达方式更加具体形象化。有的家长可会纳闷,为什么要这么做? 这样做的原因是,十岁前的孩子以形象思维为主,所以你使用语言提醒或者当时去制止孩子情绪,孩子都很难真的做到。只有把各种选择放到孩子眼前,他才能更容易做出自己的决定。

情绪选择轮怎么做呢?

第一步,找一张圆形的纸片,准备好画笔,邀请孩子跟你一起来制作情绪选择轮。

第二步,把孩子最容易出现的负面情绪画到纸片的中间,有的孩子容易发怒,就画愤怒;有的孩子经常哭,就画悲伤。

第三步,和孩子来进行一场头脑风暴,思考一下这种情绪有多少种表达方式。 把你们想到的对自己没有伤害,对别人也没有伤害的好选择,全部都写到或者画到选择轮的每一个格子里。

有个小男孩,他给自己制定了一个愤怒的情绪选择轮,上面的选项是:可以跺脚、打枕头,大声在自己的房间里唱歌;可以捂着被子喘粗气,还可以自己一个人待一会儿;可以直接说出来我现在很生气;还可以使劲地在原地跳五十个纵跳……你瞧,这些方法全部是对自己和对别人没有伤害的释放方式。把这些全部画在格子里或者写在格子里。

第四步,用情绪选择轮练习管理情绪的方法。

孩子今天因为一道题反复写都写不好,生气了,可以立刻拉着他的手，深呼吸。拿出情绪选择轮，邀请孩子选择一种释放"情绪小怪兽"的方法。记住，最重要的就是陪孩子练习。比如，孩子选择了大声唱歌，我们就陪他一起在房间里大声唱一首歌。如果孩子选择五十个纵跳，就帮他数数，支持他跳。你会发现这样练习几次之后，孩子就学会了应对自己的"情绪小怪兽"，慢慢不再用情绪来攻击自己和攻击他人了。

29

家长"惩罚"孩子的艺术

你认为孩子可以打，可以惩罚吗？

有一个孩子说，他家有一个"镇我之宝"。如果他不听话，爸爸妈妈就会拿出这个法宝来惩罚他。这个所谓的"镇我之宝"就是一根竹条！

父母到底可不可以惩罚孩子呢？要想起到教育孩子的作用，"惩罚"是要符合心理学的原理的，事实证明，**绝大多数的家长，都不会"打"孩子，也不会"惩罚"孩子。**

打孩子或者惩罚孩子之所以能起作用是基于心理学的"负面反馈机制"。二十世纪三十年代后期，美国新行为主义心理学家伯尔赫斯·弗雷德里克·斯金纳设计了一个"斯金纳箱"。他在研究中做了一个箱子，里面有一只老鼠和一个简单的通电按钮，实验中，斯金纳分别对老鼠的行为进行了两种强化——正强化（positive reinforcement）与负强化（negative reinforcement)。

什么是正强化？环境中某种刺激会增加某种行为出现的概率时，这种刺激就是正强化。例如老鼠一按压杠杆就会得到食物，重复次数多了，老鼠就因为不断得到"正面反馈"，因此它的行为得到了正强化。

什么是负强化？环境中某种刺激会减少某些行为出现的概率时，此种刺激就是负强化。负强化通常是一种厌恶刺激，所以会造成机体的回避行为。例如：老鼠一按压杠杆就会被轻微电击，一旦停止按压杠杆，电击解除。重复次数多了，老鼠就因为不断得到"负面反馈"，因此它的行为得到了负强化。

心理学的厌恶疗法就是经典条件反射和负面反馈而产生的。所谓厌恶疗法就是帮助某人戒除某种行为，让他把原本上瘾的行为和某种令他厌恶的一些刺激结合起来，形成一种厌恶性的条件反射，从而达到戒除这个负面行为的目的。

打孩子、惩罚孩子、剥夺孩子的某种权利、让孩子离开某种环境……都是厌恶刺激。但是这种厌恶刺激要达到改变孩子行为的目的，是需要一些必要条件的。符合这些条件了，孩子的负面行为会终止。不符合，孩子和你的关系变得更糟，孩子的负面行为却会继续，即便停止也是暂时性的。

厌恶刺激需要四个条件。

第一个条件，厌恶刺激一定要及时，这是最重要的。

只有在孩子刚做了负面行为的当时,给他厌恶刺激,他才会在大脑中建立神经元连接,形成条件反射。

比如,孩子用手去摸电源,当他手一伸,你立即上去把他的手打到一边,这就叫及时。但假设当时你不在场,孩子的奶奶在家带孩子,他用手去摸电源了,等你下班回来了以后,从奶奶口中知道这件事,就在孩子的小手上啪啪拍了几下,这个时候的厌恶刺激,没有任何意义。孩子会觉得莫名其妙,就算孩子头脑当中明白你为什么打他,但是他依然有可能感觉你针对的是他这个人,最终孩子会对你很愤怒,并不会反思他不应该做的那件事。

第二个条件,平和的情绪。

我们惩罚孩子的目的是终止他的某种负面行为,而不是为了增加孩子的痛苦。如果我们想帮助孩子停止某种负面行为,就需要保持平和,否则我们的负面情绪会把孩子的注意力带离当前目标,让他一直没有机会体验自己的错误,而是浪费精力疲于应付我们的负面情绪。这种愤怒的惩罚只会增加孩子的内耗,对修正他的行为没有帮助。当我们情绪失控时,孩子也会感觉惩罚的目的就是为了让他受苦,孩子对我们的愤怒也会增加。

第三个条件,明确需要终止的行为。

厌恶刺激可以产生厌恶性的条件反射,所以,如果你使用得不恰当,最后不该终止的终止了,该终止的却没有终止,这样对孩子得不偿失。

大家看看下面的例子,判断一下哪个需要终止,哪些是不需要终止的。

孩子摸电源、孩子骂人、孩子带有攻击性地打人、孩子吃饭、孩子学习、孩子读书……

很显然,这些事件中"孩子摸电源、孩子骂人、孩子带有攻击性地打人"这些事情是需要让孩子终止的行为。而"孩子吃饭、孩子学习、孩子读书"这些事情是不能终止的。如果要使用惩罚,在需要终止的事情上才能够适用。

有人会问:"难道孩子该做的事情没做好,我也不能惩罚吗?比如写字写得很乱,我不能惩罚吗?"

答案是不能。因为孩子该做的事情没做好,往往是因为他的技能不足,比如时间管理的技能不足,或者专注的技能不足……当孩子技能不足,只能依靠有效的训练来提升技能,惩罚是没有意义的。

即便我们罚孩子抄写作业,表面上看起来是增加了孩子练习的机会,但事实情况却是孩子在受罚的心境里做练习,往往会更加厌恶自己原本应该做的这件事。所以对学习的主动性反而会越来越弱,甚至停止。

第四个条件,需要让孩子明确被惩罚的原因和目的。

有很多父母,在孩子犯错时,抬手就是一巴掌,打完以后,孩子只知道家长生气了,却不知道自己被打的原因和目的是什么。

有一次,我问一个孩子:"你为什么哭?你爸爸妈妈为什么打你了?"孩子非常愤怒地说:"我爸我妈发神经了!"孩子只知道爸爸妈妈不喜欢他在马路上跑,却不清楚每个人都需要遵守的交通规则是什么。

所以,**我们不但要让孩子明确为什么他要受到惩罚,还要让他明确具体做法**。例如孩子在马路上乱跑,我们可以情绪平和地立刻惩罚他在路边人行横道上站五分钟,具体地、清晰地告诉他:行人坚决不能在马路上乱跑,只能走人行横道。如果做不到,就立刻要停止前进。

孩子终止了错误行为,我们还要帮助孩子建立正确行为。

电源不能摸和玩,可以做的事情是什么?可以看书,可以玩玩具,可以和小朋友玩。

不能带有攻击性地推人、搡人、打人……可以做的事情是问好、打招呼、微笑、分享、玩游戏……

惩罚想要达到目的,条件非常严格,稍不注意,负面影响反而更大。而且在生活中有一些范围是不能使用惩罚的,这些是**惩罚的禁区**。

有个简单的方法来判断惩罚的禁区:**几乎所有带"不"的事情,都是不适合惩罚孩子和打孩子的**。比如,孩子不听话,不吃饭,不睡觉,不学习,不看书,不起床……这些带"不"的事情。如果你对这些事情惩罚,最终孩子大脑接收到的信息就是:把"不"去除以后,把这件事情和厌恶的刺激联系到一起,就变成了一个厌恶性的条件反射。

比如,孩子不吃饭,如果给孩子施加惩罚,最终产生的结果是,孩子的大脑会把"不"字去掉,得到"吃饭 + 厌恶的条件反射 = 厌恶吃饭"的结果。

又如,孩子不写字,如果给孩子施加惩罚,最终产生的结果是,孩子的大脑会把"不"字去掉,得到"写字 + 厌恶的条件反射 = 厌学"的结果。

惩罚远没有我们想得那么简单,如果我们情绪化、原则不清晰,就无法把这个工具使用好。如果不能很好地使用,最好不要惩罚。因为除了惩罚这个工具以外,还有更多好用的管教方法,这些方法会让我们的孩子越来越优秀,也不会有太大的副作用。

 **家长如何说一遍就管用**

有一项心理学调查说,女人平均每天会说 20 000 字以上。是不是听起来非常的惊人?不过我猜这项调查一定调查的都是妈妈。因为只有妈妈会从早到晚不停地给孩子叮嘱各种细节,各种事情,有着操不完的心。

不过,要是给妈妈们录音,你也会发现到一个很有意思的现象。就是妈妈经常说的都是一些重复的话。

比如,"快点写作业!""快点吃饭!""快点起床""快点睡觉""做事情认真一点"……而家长给孩子惩罚的时候,也经常就是因为这些小事。为什么我们说了那么多,孩子的问题还在继续?

这时候我们就可以使用:**少说只做,要求只说一遍的方法**。这个方法只要一步,**近距离传递信息**。

我们可以来到孩子面前,近距离地看着他的眼睛说:"宝贝,时间。"这时,孩子已经心知肚明了,然后你向他伸出一只手。他就知道你在要遥控器,孩子给你之后,你就说一句:"谢谢你遵守约定。"**少说只做,只说一遍,就是你尽量地少说,甚至不说就让孩子明白你的原则和态度。**

又如,到了晚上该上床睡觉时间,孩子还玩儿得不亦乐乎。你要他上床睡觉,他磨蹭来磨蹭去,一会儿玩玩具,一会儿逗小狗,总之就是不去睡觉。**你也可以使用这个工具——少说**

多做，只说一遍。你近距离提醒一遍孩子："宝贝，时间。"认真地看他三秒，然后离开。之后你按部就班地帮他把床铺好，把枕头摆好，把灯光调暗。做完了，不说什么，而是走过去，拍拍孩子肩膀，拉起他的手，带孩子一起去洗漱。这时你就会发现，在你做那些事情时，孩子就明白到睡觉时间了，且没有商量的余地。**你说得越少，孩子反而感觉到你的态度越坚定。**

再给大家举一个例子。孩子背英语单词的时间到了。我们可以来到孩子面前，认真叫一声他的名字，再指一下时间，告诉孩子："我在书房等你。"然后你就坐到平常陪他背英语的地方，什么也不做，就是安静地等他。孩子反而比你催促会来得更快。

在生活中，我们也可以更多地减少语言上的无谓重复，做到少说只做，让孩子能够更加明确你的意图是什么，从而让他的执行更加到位。

30

家长批评孩子的艺术："三明治批评法"

孩子犯了错需要批评吗？当然需要。然而很多的父母不会批评孩子，在批评孩子之后不但没有效果，还让孩子对自己产生了很多的不满，亲子关系也变糟了。

怎么批评孩子，他才更愿意接受，他的心里也会感觉到更舒服呢？

首先，要规避一些**批评的禁区**。有三个时间段是批评的禁区。

第一个禁区，在孩子早晨出门上学的时候。 早晨是一天能量的起点，决定了孩子今天的精神面貌如何，千万不要打扰孩子一天的好心情。

第二个禁区，在孩子吃饭的时候。 这时候批评孩子，会影响孩子的食欲,此外大多说的是和吃饭无关的事,孩子也没有机会反思和调整,作用不大。

第三个禁区,在你的情绪已经变坏了,特别想骂人的时候。骂人跟批评完全不一样。骂人是在指责和发泄情绪,而批评是想帮孩子变得更好。当我们心情很糟糕的时候,自己的情绪都无处安放,怎么可能理性地处理孩子的事情呢?

除了以上这些禁区,批评孩子的方式也需要尽量注意,批评里夹杂着对他个人的否定,给孩子一大堆人格上的负面标签,都是不可取的。比如说孩子品质败坏、自私、霸道……针对人格上的一些批评,也是禁区。

批评孩子时,只要避开了这些禁区就可以了吗? 不,还需要批评的方法与技巧。我们一起来学习"三明治批评法"。

为了让孩子更爱吃三明治面包,且能更有营养,我们通常加一点好吃的配料,比如夹个肉饼,夹片芝士,放片生菜等。给孩子的批评也是一样的,也要像三明治一样,中间增加一些配料,孩子才会更容易接受。

"三明治批评法"的表达公式是:

孩子的正面表现 + 孩子需要改善的具体行为 + 授权

第一步,准备肉饼,"肉饼"是什么? 就是让他感受好的方面,比如孩子的好表现,或者孩子值得肯定的地方。

第二步,明确表达孩子具体需要改善的行为,不要波及孩子的人格。

第三步，授权，促进孩子改善。

举一个例子。你和孩子约好了十点钟就该上床睡觉，结果他一直在磨蹭。这时该怎么办？立刻给孩子使用"三明治批评法"。

第一步，先真诚地说出孩子的一些好的行为。这位妈妈就说了："宝贝，妈妈发现你是一个特别会照顾人的孩子。咱们一起去逛街，你会帮我提东西，妈妈如果渴了，你也会给妈妈倒一杯水，妈妈发现你特别会体贴人。"

第二步，说出孩子具体需要改善的行为。妈妈接着说："宝贝，也需要体贴自己和关心自己，你说对吗？"于是妈妈批评了孩子的具体行为："我们计划十点睡觉，现在的时间是十点十分，超过了你的计划，所以妈妈需要批评你没有照顾好自己。"

第三步，授权，给孩子一个选择的范围。妈妈说："宝贝，你现在需要立刻做一个决定。"接着，妈妈平和耐心地站在原地等待，孩子开始行动了，显然接受了她的批评。

整个解决过程里，我们的批评已经给了，孩子已经明确知道他怎么样可以改正，这就获得了一次真正的成长。在整个批评过程里，千万不要只想指出一大堆孩子的错，揪着孩子的错误不放，这只会让孩子和你一直在情绪上纠缠、对抗且应付你。只有我们是友好的，做法是清晰的，孩子才能有机会改善。不过，如果孩子造成了某些后果，让孩子去承担后果也是非常重要的。

案例 如何修复和孩子的情感联结

当孩子经常受到批评、指责、惩罚，孩子和父母的情感联结就会断开。

"如果世界有颜色，你们的世界一定有很多色彩，而我的世界，是恒定的灰色。"有一个男孩儿，从小胆小内向，不知道和别人怎么沟通，每次犯错了，妈妈对他就是一顿批评，爸爸总是保持沉默。长大之后，他对同学说了上面这句话。

他印象里的童年，妈妈是严厉的，爸爸是冷漠的。他很听话，却一直感觉父母并不喜欢自己。可见如果在教育孩子的过程中，切断了和孩子的情感联结，对孩子来说是折磨，他的成长也会受到影响。孩子只有感受到父母和他始终是在一起的，并不是敌对的时候，才有可能更好地接受他们的观点，接受他们的管理。

我们来看看这样一个案例。

妈妈带孩子到外边去玩，孩子看到了一个玩具，特别想要，妈妈当时非常有原则地告诉他："妈妈没有打算给你买这个玩具。"孩子开始哭闹。这时候妈妈需要和孩子保持情感联结，再告诉他应该怎样做。

情感联结第一步，用肢体语言表达善意。妈妈可以说："妈妈能感觉得到，没有得到这个玩具你特别失望，妈妈现在想给你一个大大的拥抱，你的感觉会不会好一些？"这时候孩子可能会说"我不要你抱！"那么你不要主动上前，因为那样就很容易变成讨好孩子。

情感联结第二步，要保持善意和自尊。你在原地说："嗯，好的，如果妈妈现在想要你的一个拥抱，你可以来抱妈妈吗？"你会发现，当你这样说的时候，有很多孩子就已经开始跑来抱妈妈了。但是还有一些孩子就会说："你不给我买玩具，我也不抱你。"这时，你要做第三步。

情感联结第三步，给孩子选择，并且尊重孩子的选择。你只需要告诉孩子："那好，宝贝儿，等你准备好了，你就来抱妈妈，妈妈随时都愿意拥抱你。"说完这些，你就不要再主动地强求。当你一站起来要准备走的时候，通常情况下，会出现一个很有意思的场景，孩子会追到你跟前："妈妈抱。"他就会回到你的怀抱。

然后，你就可以坚持原则，带孩子离开了。在这个过程中，你会发现，先情感联结再解决问题，好多事情就变得简单了很多。**在情感联结中坚持原则，孩子虽然也会难过，但是他的难过来自事情本身，而非因为父母的指责和打压**。也有的孩子特别犟，一直哭，一直闹，这种情况下，我们依然要坚持原则，只要他的情绪不是因为我们打压而产生的，情绪是单纯的，我们就可以给孩子情绪释放的空间。

31

如何帮助孩子建立家庭规则意识

经常有家长说，自己规定孩子做这个，孩子不愿意；规定孩子做那个，孩子也不愿意。孩子怎么这么不听话、不服管教呢？

国有国法，家有家规。如果处处要求孩子要听我们的安排，就变成了一种控制，会引起孩子的反抗。但是如果全家人都听家庭规则的，你会发现家庭中的抗争会少了很多。

怎样制定家规？怎样的家规孩子才更愿意遵守？我们一起来探讨。

制定家规第一点，家规必须从全家人的角度去考虑，而不是仅仅针对孩子、约束孩子，它应该适用于每个家庭成员。

第二点，制定家规的时候，一定是家庭成员共同协商制定，而不是由一个人一拍脑门，冲动就定下一条家规。

制定家规的时候,一定要全面考虑,因为家规一旦定下来,就要比较稳定地执行,不能轻易变动。家规就像马路上的双黄线,是不能跨越的,只要跨越就是违规。其他事情可以有弹性,就好像马路上的虚线,可以在临时超车的时候,暂时跨越一下。但是触犯到家规,是不能商量的,是每个人都需要无条件遵守的。

第三点,要知道家庭规则它限制的是什么。它限制的是家庭成员的行为而不是思想。每个人都有权利有各种各样的想法,因为我们的思想是自由的,包括孩子也是这样。既然限制的是行为,家规就一定要制定得比较具体。

第四点,家规一定不能太多,如果太多,孩子和家庭成员都很难掌握。三五条就够了。

最后,每个家庭成员都一定要牢记家规。知道家规是家庭当中的警戒线,要有敬畏心,不要轻易违反。这样制定家规的家庭,孩子的规则意识是非常容易建立的。

有一个家庭,他们制定了五条家规。**第一条家规是不能打人,爸爸不能打妈妈,妈妈不能打爸爸。**妈妈能不能打孩子?也不能。所以,打人这件事情在家里不管是针对大人,还是小孩都不能发生。发生了,就是违反了家规。

第二条家规是说话或者吵架再生气也不能侮辱人格,不能骂脏话。比如爸爸说:"你这个懒婆娘,你是猪吗?"这是侮辱人格的话,触犯家规了。

第三条家规是每个人都要按时回家,不能按时回家必须

提前给家里请示汇报。这样孩子从小就能养成准时准点回家，不贪玩的习惯，即便要出去玩也会主动征求大人意见。

第四条家规是家庭成员不能因为生气连续两小时不说话、不理人。可以生气，但是生气也要主动调节矛盾、解决问题。长时间的冷战，是家庭关系的杀手。所以，他们共同约定只要因为生气两个人不说话了，最长的时间是两个小时。两小时后只要有一方说话，另一方就一定要回应，然后好好商量事情怎么解决。时间长了，孩子也知道，每个人都会有情绪，大人也是如此，但是生完气了，依然可以好好商量，可以好好解决问题。

第五条家规是不能做伤害自己身体的事。一旦有人没有照顾好自己，生病了，就是大家的事。这些都是无须商量的，必须遵守的。

当把家规制定清楚以后，还要明确家庭成员触碰了家规，要如何惩罚。

所有的处罚，都有一个原则，即不能用衣食住行这些基本需求来处罚，也不能用学习和工作的权利来处罚。

比如，孩子违反家规了，大人罚孩子抄一百个单词行不行？不行，因为学习的机会永远都是值得感恩的，而不是用来惩罚的。

处罚我们可以设置为其他家庭成员做一些额外的事。比如，每个人都有自己承担的家务，今天爸爸触犯了家规，说了对妈妈不尊重的话，爸爸就需要在对妈妈道歉，还要承担这一周妈妈本来应该做的家务。

再比如，今天孩子踢足球回来晚了，忘记告诉爸爸妈妈。他就要向全家人道歉，并且要专门为爸爸妈妈做一些服务，安抚爸爸妈妈因为担心而受伤的心。

当家人都这样尊重家庭规则，每个人都会感觉到舒心。制定家规可以从第一次温暖的家庭会议开始，耐心友好地探讨，只要有一个简单的开始，你会发现一切都会越来越顺利。

案例 ▎机灵娃怼家长，家长如何回应

有一位家长疑惑地说："我原来态度比较强硬，很多时候能把孩子唬住，现在我变得柔和了，但是孩子却开始经常怼我，蹬鼻子上脸的，我该怎么办？"这位妈妈说："孩子怼我，一种是'日常生活怼'。"

比如，孩子看完书了，妈妈让孩子去收拾玩具。

孩子就说："我说了我不收拾吗？"

妈妈："我没有看到你开始收拾呀？"

孩子："那我也没让你收拾！"

……

还有一种是"学习怼"。

孩子有道题不会，妈妈就给他讲解，结果耐心有些不够，声调有点提高了。孩子就说："你那么大声干什么？管好你的情绪吧！"

妈妈："你怎么这么和我说话？"

孩子："你做得不对，我为什么不能说你？"

当孩子这样怼她时，她就特别尴尬，不知该怎么办。

在这种情景下，家长可不能乖乖"就范"，让孩子拿住了。

一定要回应回去,同时还得注意以下几点。

首先,要意识到,孩子年龄虽小,但是他的思维却发展得很快。他能够敏锐地发现妈妈情绪失控的前兆,提醒妈妈要管好情绪,这些都是难得的。只是他的方式和方法让妈妈不太好受,需要改变。

其次,要让孩子更明白自己行为的界限。

管教孩子的意义在于帮助孩子建立行为规范和规则意识。哪些事情可以做?哪些事情不可以做?哪些话可以说?哪些话不能说?孩子来到这个世界不久,是不完全明白的。所以,我们需要用一些行动告诉孩子:他行为的边界在哪里。

如何让孩子更明白自己行为的界限?**依靠肢体语言的力量,让孩子感受到你对某些行为的禁止,让孩子明白自己现在的做法需要立刻停止**。

面对怼妈妈的那个孩子,我们可以怎样做?很简单,当孩子怼家长时候,如果家长跟孩子有一定的距离,可以快速有力地走到孩子的面前。很近距离地、认真地、严肃地看着孩子,定定地看着孩子的眼睛。孩子这时有可能会躲避家长的眼神,家长一定不要转移目光,继续盯着他。这时候,**目光就会形成一种威慑力,孩子就会知道刚才他说的话是不被允许的**。

一几秒后,严肃认真地对孩子说:"和妈妈说话要有礼貌。"

家长不需要训斥孩子,也不需要发火。但是不怒自威,孩子已经感受到了父母对他刚才行为的不接受。我们还可以在日常生活中，给孩子再一次进行明确。可以说："宝贝！当我听到你这样说的时候，我很生气，我觉得作为大人我没有受到你的尊重。"这样我们就会帮助孩子明确，原来他不能用这种态度对待大人，即便是开玩笑也是不能的，这就是规则。

32

不要着急解救，困境是孩子最好的老师

作为家长，很多时候都觉得孩子记不住我们说的话。所以，我们就忍不住一遍一遍重复，希望孩子长记性。而对孩子来说，常常是这样的。

"你说给我听，我会忘记！"

"你做给我看，我可能记得！"

"你让我体验，我才会理解！"

生活中很多的事情，如果我们只是靠"说"来解决，大多时候，孩子会当成耳边风，会忘记。即便是成年人，也是如此。

我们经常听到有人说："有的话我都说了多少遍了，我们家那口子就是记不住，说明他根本不把我说的话当回事！"为什么她说了很多遍，她的爱人在做事的时候，却依然想不起

来？难道他真的是不在意她的感觉吗？其实并非如此。

事实是，我们每个人都只会对自己真正体验过的事情记忆深刻。孩子也一样，一些事情让他去经历，让他体验，对于他来说，才是真正的成长。这就好比我们让一个没有吃过比萨的孩子记住比萨的味道。如果你靠"说"来帮助他记住比萨是什么味道，他还是会忘记，而且他记住的永远都不是真正的比萨的味道。当你为了他能记住而一遍遍说，他还觉得你很烦。即便他记住了，也只不过是把你说过的话背下来了而已。他的头脑中对比萨的理解最多就是一个"外国的肉夹馍"。

"你做给我看，我会记得！"当你吃比萨给孩子看，他看到爸爸妈妈吃得太香了。他便有了更深的印象："哇，原来比萨是一种非常好吃的食物。"

"你让我体验，我就能理解！"让孩子吃一口比萨，什么话都不需要讲，他一下子就理解了，原来比萨是这个味道啊。

在生活中，家长总想教育孩子能更自律，让孩子把自己的事情能够管得更好，能够为自己承担责任。于是经常说："这是你自己的事情，你为什么自己都不操心？"

当我们这样说的时候，毫无意义。我们让他操心了吗？让他去体验后果了吗？真的让他去体验承担责任的那种感觉了吗？如果你真的是让孩子去体验、承担了，就没有孩子会不负责任。

所以，我们不要急于从困境中解救孩子，因为困境是孩子最好的教练。现在就来看一下，孩子可以体验的范围是什么。

可以让孩子去体验的范围，是有关于自然后果的范围。自然后果是自然而然产生的一些后果，对孩子来说是安全的，没有什么伤害的一系列后果。如孩子身体健康的时候，不吃东西会饿 这个后果是自然而然会发生，对他来说也是安全的。再如，孩子不喝水会渴，孩子不写作业会受到老师责怪，衣服穿得很单薄跑到外面去了会冷……这都是自然而然会发生的。这些是我们可以让孩子去体验、去参与的事情。他体验得多了，参与得多了，就越来越能为自己承担责任，就能理解这些事情真的是他自己的事儿。

每一次孩子在感受到一个自然后果的时候，其实都在获得一种体验，这种体验是孩子最好的老师。

案例 | 忍心让孩子体验和受苦，孩子就会成长

孩子在酒店吃饭的时候，她的妈妈提醒孩子说："不要东转西转，一会儿小心把饭洒了！"

结果妈妈话音没落，"啪！"孩子把饭撒了自己一身。她早上刚刚穿的漂亮公主裙，一下子变得乱七八糟！体会一下，比时孩子是什么心情？她肯定会特别的沮丧，刚刚自己还那么漂亮，瞬间自己变成这个样子了。

此时，孩子的注意力在哪里？在她自己的裙子上，她所有的注意力正在体验那种沮丧、恶心的感觉。我们要忍心让孩子体验这个感觉。

如果这时候妈妈开始吼了："哎呀，你看你，我不是早就告诉你了，小心一点，小心一点，你怎么还是撒了一身？"

注意，这时候孩子的注意力转移到了哪里？跑到妈妈的情绪去了。

孩子本来在体验自己身上的这种感觉，这是她行为的后果，但是妈妈的训斥转移了她的体验。这时候大人责怪她，给孩子附加一些羞辱和压力，等于把孩子从这事件的体验中拔出来，在这件事中她就什么都学不到了。孩子还会开始对父母愤怒，感觉父母特别过分，不安慰自己就罢了，还训斥自己。

如果比时家长又开始帮她收拾衣服上的饭菜，来帮她解除了困境 孩子就会在愤怒上，又增加了一种无能的感觉。

父母的情绪化，让孩子失去了体验后果的机会；父母帮孩子善后，让孩子失去了增长能力的机会。

那么真正的体验是什么呢？孩子的身上倒了一碗饭，只要饭菜不烫，就可以这样做。

首先，充分地理解孩子此时的感受。"呀，漂亮的花裙子现在变得好丑。赶快想办法弄一下。"**其次，等着孩子自己来想办法面对事情的结果就好了。**如果孩子想找东西给自己擦一擦，最多提醒一下东西可以从哪里找到，如果她需要你递一下毛巾，你就积极配合她。

总之，收拾残局是她来主导。如果孩子想不出什么好办法，也只好穿着脏的裙子回家，一路上人们都看着她满身饭渍，她会持续地体验"害羞""尴尬""不好意思"的感觉。这些感觉是最好的老师，下次她自己就会尽量注意不要弄脏了衣裤。下次再提醒她"饭桌上坐稳当"，她就会配合很多。

在孩子犯错的时候，我们不需要急于解救他，给孩子一个体验的机会，同时耐心地等待。帮孩子总结体验后的收获，就已经足够了。

33

心理学工具"承担责任"，让你和孩子的沟通变通畅

有一位妈妈说，孩子 13 岁了，特别爱玩游戏。有一次，玩游戏到深夜，爸爸妈妈说了几次，都不见效果。爸爸一气之下，就把电脑显示器提起来摔了一下。谁知，孩子"噌"地站起来，把电脑主机提起来"啪"地扔地上走了。气得他爸吼起来："这样才好，你永远别玩儿了！"

孩子为什么会这样？通过前面的章节我们应该知道，这是孩子在报复父母。当孩子在报复父母的时候，如果父母也因为愤怒总想让孩子吃点苦头，亲子之间就很容易进入到一个相互报复的过程里，报复循环就开始了。

为了避免和孩子进入报复循环，父母帮助自己回到好状态很重要，因为只有这样，才有能力帮助孩子。该如何做呢？

首先，要清醒地意识到我们的教育目的是什么。是和孩

子一起更好地面对问题，解决问题。

之后我们可以使用一个心理学工具，叫**"承担责任"**，来扭转局面。一说承担责任，很多的家长可能会想："对，就应该让孩子为这件事情好好承担责任。"并非如此，这里所说的承担责任主要指的是家长。也就是要为我们自己内在的所有感受和所有发生的一切承担责任。因为只有这种的状态，才有机会跟孩子修复关系。

在说承担责任之前，先来明了一个概念：**什么叫做自我，自我就是以皮肤为界限，皮肤以内的部分就是自我**。皮肤内在有四样东西：**第一样，我的身体。包括骨骼、肌肉、内脏等生理性的一切都称为"我的身体"；第二样，"我的思想"；第三样，"我的感受"；最后一样，"我的情绪"**。在皮肤内发生的一切，都是属于我们自己，我们对此要百分之百负责的。

"我的心受伤了，我很难过"该由谁负责？答案是：自己。因为从感受的角度来说，这个世界上没有任何人能够让你受伤，即便你最心爱的孩子，也没有办法让你受伤。真正让你受伤的只有你自己。为什么是这样？

举一个例子。一个孩子他对妈妈说："妈妈太坏了！你是我见过最自私的女人！"想想这位妈妈会有怎样的感受和反应？

如果这句话能够让我们受伤，那么任何一位妈妈听到这句话应该得到同样的结果。但事实却不是这样。有的妈妈听到这句话会感觉莫名其妙；有的妈妈听到这句话会感觉很愤怒;有的妈妈听到这句话会特别伤心难过;有的妈妈听到这句话会开始担心孩子:孩子发生了什么？我的孩子是不是受伤了,是不是现在心情特别不好……

为什么同样一句话,得到的结果却完全不同？因为孩子说出来的话,只是一个信息罢了。而在你的头脑当中,用怎样的想法去处理这条信息,才是带来不一样感觉的根本所在。

如果我们受伤了,是因为我们处理信息的过程让自己受伤,而不是听到的这句话造成的。我们心中产生的每一个感受,都是由自己的想法带来的。想法不同,感觉就会不同。这就是为什么每个人都应该为自己的感觉承担责任的原因。

当你意识到这一点时,你就对孩子不会有那么多的抱怨,不会想要去攻击孩子,心里就会坦然很多。理解了这句话之后,我们来看看,"承担责任"这个工具应该怎样来使用。

第一步,我们要认同孩子的感受。你看到孩子现在脸都涨红了,他非常愤怒;或者他满脸无所谓;或者他一脸的茫然。这时你就要认同他的感受,告诉孩子:"我能感觉得到你现在心里面真的很不好受。"同时可以把孩子此时的情绪用词汇描述出来。

第二步,我们开始承担责任。非常诚恳地告诉孩子:"妈妈意识到我刚才非常愤怒,说了很多不尊重你的话,还做了一些不尊重你的事,这让你非常受伤,我承认我需要更加在乎你的感受。"当你很诚恳地说出这些话,你会发现孩子的情绪就开始变得柔软。

那么孩子的情绪变得柔软后，会有怎样的表现？他开始哭泣或者从拒绝沟通的状态，变得开始朝你怒吼："对，你就是不在乎我的感受……"这些都是孩子情绪已经开始变化的表现。这时候，我们需要去进一步倾听、理解，和孩子更加拉近距离。

第三步，带动孩子。带动孩子进入更好的状态，带动他开始和你一起解决问题。可以告诉孩子："宝贝，让我们一起平静一下，一直到我们相互都能够尊重彼此了，妈妈也不会朝你发怒了，你也不会再朝妈妈怒吼，我们再来看看这个问题怎么解决，妈妈愿意这样，你愿不愿意这样呢？"

当你按照这样的三个步骤去做，会发现，当我们承担责任，并且用心去理解孩子，在倾听了孩子的愤怒之后，再给孩子的建议，他很容易接受。

案例　亲子关系出现裂痕，如何修复

辅导孩子写作业简直太考验家长的耐心了。有一位家长说，有次辅导孩子写作业，一下火气上头，愤怒地把孩子的作业本给撕掉了。孩子当时吓得大哭。看见孩子哭成这样，她又后悔不已，想"干脆给孩子认个错"，但又担心刚刚把孩子的本子撕了，现在又去给孩子道歉，万一孩子以后骑到自己的头上来，不服管教了怎么办？真是左右为难。

家长犯错或者情绪冲动之后，到底该不该给孩子道歉？如果要道歉，到底怎么做才能避免副作用？

这里可以使用一个心理学方法——**错误修复法**。在修复我们的错误前，要先明白三点。

第一，我们如何对待错误，比错误本身更重要。刚才把孩子的本子给撕了，发火了，这就是一个错误。但是该如何对待这个错误？我们常见的有三种对待方式。

第一种做法，不了了之，回避，父母选择避而不谈，对孩子说："好了好了，别哭了，赶紧写。"事情就这样糊弄过去。这样做，孩子会有什么样的感觉？他会感觉到自己被践踏，不受人尊重，即便受了伤害，对方也不会给自己一个说法。这种愤怒和受伤的感觉不断积累，孩子和父母的关系就会变得越来越差。

第二种做法，父母为自己的错误找到很充足的理由。倒打一耙，对孩子说："行了，你还哭？你还有理？你刚才的作业写成那个样子，把妈妈气得心脏病都犯了，现在你还有脸哭？"当我们犯了错了以后，强词夺理地找一大堆的理由，一定要把错误归结到孩子身上。最终孩子也会学到这一套，在以后他犯了错误时，也会找出一大堆理由，强词夺理地向你证明我就是对的，我没有任何的错。这样错误就会不断扩大化。

第三种做法，勇于去承认错误，把错误在当下就进行化解。只有这样，才是一个真正负责任、有担当的父母。孩子也会学习我们的方法。

第二，能够主动原谅对方，比道歉会更重要。 当我们和孩子发生矛盾的时候，之所以做出一些攻击孩子的举动，比如"撕本子""打孩子""拍桌子""骂孩子"……是因为孩子的一些行为激怒我们，进而我们的情绪失控，才做出错误的举动。想要云向孩子道歉时，如果还没有真正原谅孩子的行为，这份道歉就只不过是为了减少自己的内疚并稳住孩子的情绪，只想快点解决问题而已，并不是真心认识到自己错了。这种道歉既然不是出于真诚，也就没有任何意义。

要从内心原谅孩子，知道他刚才写作业不会，或者一直不专心，只不过是因为：**他理解的能力不够，专注的能力还不够，自控的能力还不够……**

孩子需要我们耐心地帮助他去提高这些能力，而不是去撕他的本子。我们应该原谅孩子还没有长大，技能还不成熟，当你真正原谅你的孩子了,此时此刻再去给孩子进行任何道歉,都是发自内心的,就是出于真诚的。

第三,要以共同解决问题的态度去面对问题,而不是揪住"对错"不放。

无论是夫妻还是亲子之间,面对一个问题,如果揪住"对错"不放,一定要找出是谁导致了这个问题的发生,这样的探讨就有任何的意义。问题往往不是某一个人引起的。重要的是要放下对错,大家共同解决问题。

理解了上面这三点,再来看一看如何修复自己的错误。

第一步,要勇于承担错误。 要把自己刚才的行为非常详细具体地说出来,这样孩子才会感觉到你的真诚,而不是敷衍了事。比如父母说:"我知道我刚才做了一些事情伤害到了你"这就非常笼统。如果我们换一种说法,对孩子说:"我知道刚才我的情绪失控了,我没有管住自己的脾气,撕了你的本子,也打了你的屁股,还朝你大吼大叫,这些都是不对的。"这就非常详细。

第二步,要向孩子真诚地去道歉。 在这个过程中,我们跟孩子要有肢体上的接触,你可以拉着他的手或者搂着她,看着他的眼睛,非常真诚地对孩子说:"宝贝,对不起,妈妈刚才撕了你的本子。"你会发现,孩子们特别容易原谅大人。

很多的家长做过这两步,但是有很多的家长到了第三步的时候就出了问题。有一些家长在给孩子道歉后,立刻就开始向孩子保证:"妈妈保证下次再不撕你的本子了,妈妈保证再也不朝你大吼大叫了，妈妈保证再不向你发脾气了……"这样的保证往往是在讨好孩子，而且这些保证，家长是很难做到的，因为你根本没有办法把坏脾气一次性全部改掉。

第三步，不是向孩子保证，而是要一起来看这个问题应该怎么解决。

你可以对孩子这样说："宝贝，谢谢你原谅妈妈，现在我们一起来看一下刚才的那件事情可以怎么解决？我们一定能找到一个尊重你、也尊重我的解决方法！"

"找到更好的解决方法"这才是最重要的一步。

比如，刚才撕了本子的那件事情，孩子为什么写不整齐？因为不够专心，一直在左顾右盼。那么可以怎么样来解决？

在你们和善地探讨时，孩子想到了一个方法："妈妈，我在分神的时候，你摸摸我的头，我就知道了。"妈妈也想到一个办法，问孩子："你最多能够坚持多长时间专注地写作业？"孩子可能会说："我可以做到十分钟专注地写作业，绝对不会左顾右盼！'这时候妈妈就说："好的，我们现在就来计时，十分钟之内看看你能不能专注地写作业。"这时候妈妈就只是看着表来计时，孩子写作业。

不管方法可行不可行，你们都进入到解决问题的过程中了，解决问题的能力在同时提升。

34

孩子自理能力差，如何提高做事能力

经常有家长说孩子毛手毛脚的，什么事情都做不好。"与其让他搞得一团糟，还不如我来帮他做。"想要孩子不再笨手笨脚？想让孩子做事的能力不断增强？我们学习一下如何训练孩子的做事能力。

首先要知道，孩子的能力都是通过多次重复练习才提高的。如果我们没有给他重复练习的机会，孩子任何一方面的能力都无法提升。除此之外，如果没有给孩子做事的正确步骤，他很可能会一直重复错误的做法，导致练习越多，错误的做法越根深蒂固。

有一个孩子在上幼儿园的时候，吃饭撒得满桌子都是。到了二三年级时，依然如此。父母虽然经常训斥他的吃饭习惯，却没有耐心地给孩子训练过正确的做法。

还有一个孩子，小时候自己课桌抽屉一团糟。上初中了，抽屉还是一团糟。这些情况都是我们没有花时间训练孩子造成的。怎样训练，孩子才能改掉这些"陈年旧习"呢？

第一步，家长要给孩子示范正确的做法。

让孩子在旁边观察，家长边做，边给孩子耐心地、和气地、清晰地进行讲解。讲解的时候语言要精练，并且时刻注意孩子的反应。比如：整理抽屉，我们首先把所有的东西拿出来，并把它们进行分类。边分类，我们边告诉孩子：本子和本子放在一起，书和书放在一起，文具和文具放在一起，一些小杂物和别的小杂物放在一块儿。这样我们就把所有的东西分成了四堆。往抽屉里面归置的时候，先把大的东西放进去，再把小的放进云。

第二步，要邀请孩子参与。

"宝贝，你现在就来把这一摞书按大小排序。"整个过程我们要和和气气地进行。你在传授技能，而不是在撒气。

有一位妈妈，在教孩子做事的时候，总是咬牙切齿地："这个放这儿，这个放那儿，动作快点，摆整齐，磨磨蹭蹭的，你是在收拾东西吗？"这哪里是教孩子技能啊，这是审讯"犯人"的态度啊！这种态度，孩子能喜欢学吗？

当然你也可能会说："我开始态度挺好的，是他半天不好好学我才发火的！"这里成功的关键就是：你的话要少，要简练，并且态度始终要平和。刚开始态度好，后面态度变糟了，事实是我们已经没有耐心了，千万不要给自己缺乏耐心找借口。

否则孩子什么都学不会，因为他已经把力气都用在和你进行情绪对抗了。

第三步，需要连续一阶段的跟进和检查。

"宝贝，来，我们看一看你的抽屉现在是不是整齐的。"如果是凌乱的，不要责怪孩子，只需要让孩子按照之前的第一步和第二步来做，把抽屉收拾整齐。就算他不情愿做，发脾气，你也是平和地按照要求来，大不了让他再重新来一次。当你这样做的时候，孩子发现你的态度非常坚定。他是没有空子钻的，就会认真地对待你的话。

当你连续检查时，如果孩子一个时期内都做得很好，就说明孩子已经充分具备了这种能力，我们就可以放手了。

再看看前面提到的孩子，他吃饭撒得到处都是，我们可以专门在一顿饭的时间告诉孩子："宝贝，我们今天来训练整整齐齐吃饭的方法。"

第一步，示范。让孩子观察你是怎么吃的，并且要讲解："把碗拿近一些，在吃饭的时候把碗端在下巴下面。这样，米粒如果掉了，也会掉在了碗里面。"这是我们传统文化中的"以食就口"。

第二步，邀请孩子参与。"好，宝贝现在来试试。"让孩子参与到这个过程中来。你做一遍，孩子跟着做一遍，耐心地给孩子讲解，中间不带任何训斥和情绪。这样进行几次，孩子就会越来越熟练了。

第三步，以后吃饭的时候，可以跟进。不一定要去唠叨孩子，而是用正确的示范，用眼神提示孩子再一次观察你的动作。这样多次练习，逐步地把孩子的技能提升上来。

在这样多次有效的重复后，孩子就能学会把饭吃得干净整洁了。在之后即便是偶尔撒出来了，我们也不要有太多的唠叨，放手让孩子自己处理残局，让他自己收拾干净就足够了。

生活当中很多事情都需要我们给孩子去花时间训练的。包括穿衣服、整理衣柜、整理书包等。如果让孩子自己去摸索，摸索出来的做法可能乱七八糟。如果我们还不断责怪他、抱怨他，只能说明我们自己的方法不对。一个生活习惯良好的孩子，不是从天而降的，需要大人用心培养才能被教育出来。

案例 孩子"偷钱",零花钱要怎么给

你给孩子零花钱吗？有一位妈妈问我。她说，她会给孩子零花钱，但是孩子每次都会拿着零花钱去买一些乱七八糟的东西，比如各种小零食，弄得她非常为难。这位妈妈就尝试着把孩子的零花钱中断了一段时间。令她大跌眼镜的是，孩子竟然从她的包包里拿钱，这让她感到非常愤怒与无奈。

到底应该不应该给孩子零花钱？如果要给，我们应该怎么给？给多少？**我们给孩子所有的权利都要带着规则去给。**如果你要给孩子一部手机，同时给他管理手机的方法，而不是单纯地让他做一个保证。只有规则和权利一起给他了，他才能更自律的使用手机，否则一不小心手机就变成了你最大的烦恼。不要怪孩子管不住自己，因为是我们给孩子权利，却没有给规则，是把自己带到"沟"里去了。

再比如，给孩子电视遥控器的时候，你就需要把"看电视的自我管理方法"一起给到孩子。给大家举一个例子。有个两三岁的小女孩，特别喜欢看动画片，我们就把看电视的规则教给她。

规则一：规定她每天可以看十五分钟的动画片。首先，教会孩子如何用遥控器打开电视，同时也教会她怎么关。

规则二：告诉她动画片的片尾音乐一响，就是关电视的时间,这时候就需要把电视关了,然后把遥控器拿给妈妈。后面连续一段时间,妈妈都陪孩子坚持这个流程:开电视、关电视、给妈妈遥控器。孩子每次都会对自己说:"我开电视,我关电视,我把遥控器还给妈妈。"同时操作这个流程。这就表明你把技能教给了孩子,孩子在这件事上学会了自律和自控。

如果最初孩子要看电视的时候,没有教会她这些规矩,她一旦从心里认为看电视是可以随心情的,是可以想看多久就看多久,你再想立规矩,就很难管理了。

所有的权利在给孩子的时候都要带着规则一起给。这里的关键词是:"权利""规则""一起给"。给孩子零花钱的时候也一样,当我们把钱给孩子的时候,就要同时把"如何储蓄的技能""如何使用钱的规则"一起给他。如果我们没有给他这些,权利就很容易变成烦恼,说不定还会伤害了孩子和你自己。

零花钱的使用技能和规则,可分为四个部分。第一部分是要储蓄。不管孩子的零花钱是多是少,都要让孩子有存钱意识。告诉孩子一个星期中,有一部分钱必须放在存钱罐里,慢慢会积累得越来越多,这些钱可以用在一些更加重要的地方。

第二部分,要用钱来投资大脑。比如他喜欢看的书籍,无论是三五元钱的电子书,还是绘本、少儿读物,就可以用这部分钱来购买。

第三部分,是情感互动的钱,是花在家人或者好朋友身上的。爸爸妈妈要过生日了,孩子可以给妈妈买一枝花,或者想给妈妈做一个手工，买一点手工材料也是可以的。好朋友要过生日了，可以给他买一张漂亮的贺卡，写上一些祝福的语言。

最后一部分钱是用来自我满足的。比如十元钱中有三元或者四元钱，可以用来自我满足。他可以去买一些小玩具。有些父母觉得买小玩具是浪费钱，可在孩子的世界里，你把这个钱交给他了，这就是他的钱，他买了东西我们是不能去干涉的。但有一种情况一定要让孩子明确，自我满足的这部分钱是不能够用在伤害自己的身体的事情上，比如购买没有安全卫生保障的食品。

一旦有意识地把钱和使用技能都给孩子，还要给孩子机会来练习。可以让孩子每周报一次账，看他能不能把每一笔钱的出处都说得明白。这样连续做两三个星期以后，孩子对待零花钱就会非常地用心，也能够把它用到点子上了。

35

增加孩子动力的"上升公式"和"下降公式"

　　无论是亲子之间还是夫妻之间，要想保持长久、和谐的关系，都是需要经营的。对方好的行为，我们需要肯定，如果想让此类行为更多，我们可以适度进行强化，好的行为才会越来越扩大。

　　在这里我们学习一种鼓励孩子的方法——上升公式。很多家长为了增多孩子的好行为，会经常夸奖孩子。但是我们也会发现孩子是经不住夸奖的。很多好的表现，往往大人一夸，就不见了。这是因为孩子需要的是大量鼓励而非夸奖。

　　我们来看一个非常有效的鼓励工具：**上升公式。**

上升公式的图形是：

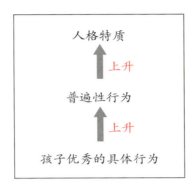

看个例子，今天放学后，孩子帮妈妈炒了西红柿炒鸡蛋，虽然他炒得乱七八糟的，但是这时候我们必须要鼓励。

先说具体行为："我看到，我的宝贝炒了一盘香喷喷的西红柿炒鸡蛋。"

然后上升到普遍性行为："之前你看到妈妈累了，就赶紧帮妈妈拿东西，昨天看见爸爸渴了，就给爸爸倒水……"把孩子所有类似的行为联系起来，由一个行为引到更多的行为。

再上升到人格特质："你是一个特别会照顾别人，特别体贴的孩子！"这就从具体行为上升到普遍性行为，再上升到人格特质。

又如，孩子今天的作业写得特别工整，再调皮的孩子偶尔也会表现特别好，这时候你就可以扩大孩子的好行为。先说具体的优秀行为："为你鼓掌，今天的作业好工整，"上升到普遍性行为："上个星期七天中,有四天的作业质量都在进步。"再上升到人格特质："我的宝贝是一个有自我要求的人,是一个做事很用心,很认真的人。"你会发现,当你这样说完,很可能孩子一下坐得更直,写得更认真了。

跟上升公式相反的,还有一个下降公式,是适合批评孩子时用的。孩子不好的行为,我们要往下降,下降到具体的行为,再下降到更小的范围。这样才能更好地帮助他聚焦和改变。

下降公式的图形是：

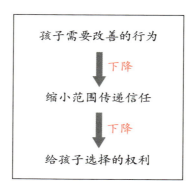

看看这个例子。孩子今天作业没写完就开始玩了。可以先说孩子的具体行为："宝贝,我看到你今天的语文作业还剩三分之一。"描述具体信息时,态度是善意的。

然后下降,缩小范围、传递信任："这几天做作业,语文作业你大部分时间都是一口气做完,我相信你现在可以立刻调整自己。"

第三步，给孩子选择的权利："立刻行动还是心神不安地玩三十秒再行动？你来决定。"孩子这时候发现妈妈态度坚定，自己只有两个选项：一个是立刻行动，一个是三十秒以后行动。通常在父母平和坚定的态度中，孩子就会调整自己，继续写作业去了。这就是我们给孩子授权，给孩子为自己在一个可以选择的范围内做决定。

下降公式是圈定一个非常具体的范围，让孩子重新做决定。这次就是这次，绝不扩大孩子的问题，也不普遍联系，否则只会让孩子的问题越来越多，还会让孩子在心里对大人越来越抗拒。

由上面的几个例子我们也可以看出，这两个公式的区别：**上升公式圈定的范围越来越大，下降公式圈定范围越来越小，上升公式上升到人格特质，下降公式下降到具体的选择和范围。**

案例 致谢是对孩子最好的鼓励

有位女演员有一天发了一条动态,说了一对小儿女吵架的趣事。原来是这位女演员的女儿夸一个音乐剧女演员"比妈妈还要美",不料引发了儿子的不满,抗议说不可能有比妈妈还美的人,兄妹俩为此吵了起来。

第二天儿子还特地写信给妈妈,"妈妈是这世界上最漂亮的人。"这样的话,妈妈听在耳里,甜在心头。儿子的话是对妈妈最好的感谢。

家人之间,我们需要经常感谢对方吗?很多人的答案是肯定的。我们也会发现一个真实情况:现实中家人之间很少说谢谢。因为我们可能感觉过日子总说谢谢,矫情又别扭。

一个女孩,小时候对画画特别感兴趣,她就跟妈妈说,"妈妈我要你给我买一盒彩笔,我要画画!"妈妈什么也没说就给自己的女儿买了一盒彩笔。当她13岁时,又对妈妈说,"妈妈我要上市里最好的艺术班。"妈妈什么也没说,省了一年买新衣的钱给她报这个最好的艺术班。当她20岁时,她又对妈妈说,"妈妈我要去留学深造。"妈妈只是皱了皱眉头,依然什么话也没有说,向亲戚朋友借钱凑够了学费,送她去了国外。

渐渐地,孩子的电话从多到少,妈妈已经明显地感觉到孩子远走高飞了。一方面妈妈很欣慰,可是另一方面却不由得怨怪女儿,为何对自己会越来越淡漠。

我们回看这对母女的经历，妈妈对女儿很少表达感情，女儿也因此没有学会如何感谢家人的付出。可以说在女儿成长的二十年里，这对母女并没有真正享受彼此在一起的时光。如果母亲更善于表达情感，可能她们在一起的二十年，幸福感受会截然不同。我们常常以为很多话不必说出来，我们爱的人就一定能感受到。这是很难实现的，毕竟我们对自己的感受有时候都摸不清。

一次在现场讲座时，有个孩子对他的妈妈真诚地表达了这样一份感谢："我现在长大了，我的妈妈却越来越年轻了，不但容貌变得更年轻，心灵也变得越来越有活力，感谢我有这么好的一个妈妈，祝我的妈妈青春永驻！妈妈，我爱你！"当孩子说出来这些话，妈妈被感动得满脸是泪，在场的人都热泪盈眶。

一份感谢能够如此深入我们的心底，打动我们。"感谢"也是管教孩子的一个很有效的方法。因为父母的感谢，最能激起孩子内心中的能量。

最简单的鼓励就是感谢。感谢孩子能够来到我们身边，感谢孩子能够选你成为他的爸爸或妈妈……想想这样的话对孩子是多么大的鼓励！听到这样的话，孩子马上就会非常喜欢自己，他的动力就立刻就被激发起来。

在孩子的成长过程中，我们需要找到更多感谢孩子的理由，并且对孩子说出来。当我们能够经常感谢孩子，孩子也就学会了如何感谢别人，尤其是感谢父母。你经常感谢孩子哪些行为,孩子的这些行为就会不断地强化。

表达感谢的公式:**具体的行为 + 肢体的接触 + 真情实感 = 认可和肯定**

如孩子在年龄小的时候,刚开始不太会穿衣服,现在能够利索地穿上一身衣服了。这时我就可以看着孩子,拉着孩子的手说:"我的宝贝长大喽,谢谢你现在能够这么快速地穿好衣服,一早上起来,我们就这么高效地收拾好出门,心情真好啊!"你会发现,比起表扬,感谢会让孩子更加心满意足。

又如当孩子把桌子上的筷子摆好了,我们可以说:"谢谢你帮大家摆好了餐具。"或者孩子放学回来朝妈妈开心地一笑,我们可以说:"谢谢宝贝给了妈妈这么可爱的一个笑容,妈妈好开心。"当我们伤心的时候,孩子跑过来给我们一个拥抱,我们也可以说:"谢谢你,多亏我的宝贝在身边,让妈妈的心情变得好了很多。"……

当我们能这样感谢孩子的时候,就是不断地在激发他内心当中的正能量。这些传达爱和致谢的话语就是帮助孩子成长的灵丹妙药。当我们带着真情实感,看着孩子的眼睛,把孩子的具体行为描述得非常清晰,致谢的威力会更加的巨大。

第六部分
你的目光看向哪里, 孩子就向哪里成长

焦虑还是平和, 从来都是当下你自己的选择而已。我们的每一次选择, 影响和构成了我们和孩子的人生。

36

人生需要灵活和弹性，
去掉完美主义

我们总忍不住对孩子有种种的要求，在这些要求之下孩子和家长都变得很累，也常常引发亲子之间的矛盾。要求和规则固然是有必要的，可是如果要求和规则失去了弹性，就变成了一种思想上禁锢。

不信我来考考你：

有一个聋哑人，想买几根钉子，他来到五金店对售货员做了这样一个手势：他把手指立在柜台上，然后另一只手握拳，一下一下地敲，五金店的售货员开始以为他要买榔头，就把榔头给他，结果聋哑人摇摇头，他又比了一下被敲的两根手指，售货员终于明白了，原来这个人想买钉子。

现在问你，如果一个盲人想买一把剪刀，他会怎么做呢？在一次课程中，我这样问大家，大家就纷纷举起了剪刀手，你此时是不是也比划着剪刀手呢？这就是思维给我们画出的"小圈圈"。你可能认为在此情况下"剪刀手"是一个很好的表达，这没有问题。但如果"剪刀手"变成了你认定的唯一表达，如果身边有人用其他的表达方式，你就觉得很奇怪，这就是我们限制了自己的思维。这只会让你变得固执而倔强，生硬而无趣。对于很多规则也是如此。

我们学习过很多的规则和定理，这些规则和定理能帮我们便捷地面对很多问题。但是，如果我们认死理，一切事情非黑即白，在我们心里，答案都具有唯一性，就会成为我们思想的一种禁锢。思想常常需要弹性，需要透口气。前面讲到的所有方法，都需要带着"灵活"和"弹性"去理解，在不同场景中不断实践。

僵硬和缺乏弹性，是我们追求完美导致的。而追求完美是在画一个没有缝隙的圈圈套住自己。追求完美的人常常容易陷入固执，这种固执往往是一个"自以为是"的圈。我们越固执，这个圈越严丝合缝。你没有圈住任何人，你只是圈住了自己而已。

当然，这个世界上还有一个人，你画圈圈，他也特别容易被你套住，这个人是谁呢？我想你已经猜到了，是的，这个人就是我们的孩子。

不够完美，一个有缺口的圆，会给思想带来新鲜的空气。

从父母的角度来看，这个缺口可能是孩子不够整齐的作业,可能是孩子不够干净的衣服,可能是孩子不够完善的一个计划,可能是孩子完成得不够好的一个任务,可能是孩子不够理想的一个表现……

我们真的有必要因为这一个个小小的不完美而大发脾气吗?

当你只能看到不完美的细节,你和孩子早已被这些"不够完美"的地方拴住了,卡在那里,我们不断和孩子较劲,自己也处于纠结和挣扎之中。

在你追求完美的过程中,在你失去弹性的过程中,你和孩子都好累。这一份累,让你早早放弃了很多计划好了的事;这一份累,让你的孩子早早开始厌烦他原本应该付出的行动;这一份累,让家里家外惹出多少烦心事,你还要继续累下去吗?

心理学家蔡格尼克曾做过的一个有趣实验:他请一些志愿者完成他要求的二十项任务,实验的过程中他阻挠志愿者,让他们没有机会完成所有任务。结果发现,人们在实验结束后,对没有完成的那些任务记忆得更加深刻。从这个实验我们可以看出,人类几乎都有追求完美的倾向,甚至会强迫自己追求完美。

人有三种追求完美的状态。

第一种是"要求自我型",追求完美的动力完全出于自己,总是愿意不断鞭策自己超越自己。

第二种是"要求他人型",是为别人设下高标准,如果别人犯了错误,自己常常无法忍受。

第三种是"被人要求型",是追求完美的动力是为了满足别人的期望,因为他总是感觉别人就是如此期待自己的。

不管是哪一种完美主义者,只要我们是喜欢追求完美的人,生活中就总是能够看到不够满意的那些细节。如果你不断追求完美,你的生活中就只剩下不完美了。你自己,还有你身边的每个人可能都会被我们的心态所累,包括孩子。

追求完美的父母一定是辛苦的,是烦躁的,是焦虑的,甚至是急功近利的,或者是无力的。在这样的情况下,我们常常容易怀疑自己,怀疑孩子,给自己和孩子都给了太多的压力,因为如果"想要完美"一旦变成了某件事的常态,就会制造出很多的烦恼。

比如,每个孩子在父母平和的支持下,几乎都会对自己的学业有所要求,这是人类追求完美的心态带来的动力。如果孩子对自己本身有要求,父母的要求却更多,或者是孩子本身追求完美,可父母追求完美的心更胜,孩子就会反其道而行之,开始变得敷衍了事,应付父母。

"想要完美"可以是我们的动力,也可以是孩子成长的动力。支持自己和孩子努力向上的一颗心,同时也平和地接受成长过程中出现种种不圆满之处,当你允许"不完美",这一份允许原本就能量十足。

"不要求完美"是心境、是弹性、是柔软、是对自己和他人的宽和。"追求完美"是本能、是紧张、是僵硬、是对自己和他人的负累。

37

为何我们如此焦虑？你的目光看向哪里，孩子就向哪里成长

现弋社会中，人很容易焦虑，心理学研究发现女人比男人更容易感到焦虑，对做了妈妈的人，更是如此。

当一个女人有了孩子，生活的一切都开始变得不同，孩子生活中随便一个小小的举动，就足以让妈妈焦虑半天。

比如：

起这么早，睡眠不足怎么办？

不好好吃饭，瘦了该怎么办？

吃得太多，积食了怎么办？

睡太晚，影响长个子怎么办？

不爱和人打招呼，变内向了怎么办？

作业这么乱,越来越不认真怎么办?

考得稍微好点就这么开心,太骄傲了怎么办?

……

这些形形色色的焦虑无时无刻地伴随着我们,这其中无尽的担忧和牵挂,的确是我们爱子心切的表现,同时也是我们心灵能量的外化。

俗话说:母子连心。孩子总是和妈妈进行着能量上的互动,感知妈妈的能量状态,并且努力和妈妈的状态在保持同频,这是孩子爱妈妈的一种表现,也是孩子和妈妈对话的一种方式。

你焦虑,孩子就容易焦虑了。蛋仔今年小学三年级,在学校是一个很普通的孩子,成绩中等,作业按时完成,上课守纪律,下课不惹事,有几个朋友相处得很好,老师们也都喜欢蛋仔,说他是个善良的乖孩子。

可是蛋仔妈妈的心里充满了焦虑。这一切都是因为蛋仔的这份"平平常常"的表现惹的祸。蛋仔妈妈感觉这孩子样样不拔尖,没有进取心,将来怎么能有前途? 自从蛋仔妈妈有了这个想法之后,她越看蛋仔的表现越着急,她越来越多地"发现"了蛋仔"表现平平"的原因:比如写作业的速度好像不够快,注意力好像也不够集中,做题也不知举一反三,晚上的自由时间好像有些太多,太喜欢去院子里玩,好像心思没在学习上……

于是,蛋仔妈妈尽全力的帮蛋仔调整和"改正"。改正他注意力的状态,加快他写作业的速度,调整他晚上时间的分配……时间一天一天过去,蛋仔妈妈发现,蛋仔不但没有变得越来越优秀,反而对她越来越抗拒,对学习越来越退缩和无力。

这其中一个最重要的原因就是妈妈和孩子一直在进行着情绪上的同频,当妈妈焦虑的时候,孩子原本的一份平和就被打破,原本正常的成长也受到了干扰。当妈妈不断纠结自己,逼迫自己,孩子就成了承担妈妈焦虑情绪的"情绪垃圾桶"。

岂不知,这其中焦虑的来源,仅仅是因为妈妈的负面观察所导致。当妈妈带着"发现问题"的一双眼睛来观察世界,你将会发现这个世界问题无所不在。观察孩子更是如此。

所以如果作为妈妈的你,正在焦虑,请问问自己:

我在观察什么?

我在发现什么?

想遍这两个问题,会帮助你立刻从焦虑中跳脱出来。你是否总是担忧"未来",那只可怕的"老虎"会出现?

内心充满焦虑的妈妈,最容易担忧未来。因此她们总想未雨绸缪,不断做各种预防,防止孩子将来被可怕的"老虎"伤害到。

当你不断焦虑未来时,孩子受到影响,也会对未来充满担忧。有些孩子开始努力让自己变得强大,准备着打倒"将来"

这只可怕的"大老虎",更多的孩子则是开始害怕未来,不想长大甚至拒绝长大,长大之后也总是活在杞人忧天的状态中,常常焦虑不安。

"未来"何曾会来到?我们只是活在"现在"而已!

当妈妈在焦虑的时候,"大老虎"已经来临,是你幻化了它,你越焦虑,它就越强壮!不必等待未来,就在当下,你和孩子都已经被它伤到了。

当然,要解决也不是太难:你可以幻化出一只巨大的老虎,你也可以把它变成一只温驯的大猫,甚至可以让它成为一只乖巧的小猫咪。所以当你再次为自己或为孩子担忧未来,请看看自己的内心:此时这只老虎有多大,它真的存在吗?然后你尝试在内心充满爱意地抚摸它,你会发现它很快会变成你怀里可爱的小猫了。

焦虑还是平和,从来都是当下你自己的选择而已。我们的每一次选择,影响和构成了我们和孩子的人生。